高等职业教育"十三五"建筑产业现代化系列教材
浙江省普通高校"十三五"新形态教材

装配式建筑 BIM 工程管理

曾　焱　主　编
钟振宇　副主编
张喜娥　段冬梅　周明荣　参编
陈永高　贾汝达

科学出版社

北　京

内 容 简 介

本书是建筑产业现代化系列教材之一。全书分为八个模块，主要包括装配式建筑BIM模型建立与维护、装配式建筑工程BIM管理系统集成、预制件加工管理、BIM施工场地规划、施工进度规划与管理、BIM施工质量管理、BIM安全管理、BIM成本管理等内容。主要内容尽可能涵盖装配式与BIM结合时的各个方面。

本书内容深入浅出，系统全面，模块后配有实训、习题等学习资料。本书适合作为高校土建类专业装配式建筑与BIM施工管理课程教材，同时可作为相关工程技术人员参考用书。

图书在版编目（CIP）数据

装配式建筑BIM工程管理／曾焱主编.—北京：科学出版社，2018.9
（高等职业教育"十三五"建筑产业现代化系列教材·浙江省普通高校"十三五"新形态教材）
ISBN 978-7-03-057747-4

Ⅰ.①装… Ⅱ.①曾… Ⅲ.①建筑工程–装配式构件–工程管理–应用软件–高等学校–教材 Ⅳ.①TU71-39

中国版本图书馆CIP数据核字（2018）第125363号

责任编辑：万瑞达 李 雪／责任校对：马英菊
责任印制：吕春珉／封面设计：曹 来

科 学 出 版 社 出版
北京东黄城根北街16号
邮政编码：100717
http://www.sciencep.com

三河市骏杰印刷有限公司印刷
科学出版社发行 各地新华书店经销
*

2018年9月第 一 版 开本：787×1092 1/16
2022年7月第二次印刷 印张：16
字数：378 000
定价：64.00元

（如有印装质量问题，我社负责调换〈骏杰〉）

销售部电话 010-62136230 编辑部电话 010-62130874（VA03）

前　言

　　"BIM"和"装配式"是当前国家大力推广的建筑领域的重点发展技术，《建筑产业现代化发展纲要》和相关政策文件中明确规定了我国建筑领域的未来发展趋势，装配式建筑是国家重点扶持的产业发展方向。

　　本书是建筑产业现代化系列教材之一，更是建筑领域在政策、经济、技术发生转折和大变革情势下必须要开发的相关课程的必备资料。为方便教学，本书各模块后配有实训项目及课后习题。

　　虽然教材编写有非常大的难度，但是编者希望通过努力对教材及其配套资源的建设，来填补该课程教学上的空白，并希望通过对新教材的建设来促进新课程的建设。

　　本书内容可以按照 60 学时左右安排。对各模块教学内容，教师可以按照实际情况灵活安排。本书共 4 个典型实训项目，共计 16 个实践学时，建议每个实践模块至少安排 4 个学时。

　　本书具体分工如下：模块 1 由贾汝达老师编写，模块 2 和模块 4 由曾焱老师编写，模块 3 由段冬梅老师编写，模块 5 由陈永高老师编写，模块 6 由钟振宇老师编写，模块 7 由张喜娥老师编写，模块 8 由周明荣老师编写。

　　由于编者水平有限、精力有限、时间有限，书中难免有疏漏和不足之处，还请各位读者批评指正，我们将认真听取读者的批评建议，并对本书进行修订和改进。

编　者

2018 年 7 月

目 录

模块 1 装配式建筑BIM模型建立与维护

 知识目标

1. 了解BIM的相关概念、作用、功能，以及在工程项目全生命周期中BIM技术的应用。
2. 掌握装配式建筑构造及施工要点。
3. 了解数据模型标准。
4. 熟悉Revit建模操作。

 能力目标

1. 能够绘制装配式建筑相关节点详图。
2. 能够叙述装配式建筑施工要点。
3. 能够运用Revit软件进行建模。

知识导引

BIM的起源

BIM，即Building Information Modeling，译为"建筑信息模型"，是由美国佐治亚理工学院（Georgia Institute of Technology）查克·伊斯曼（Chuck Eastman）博士（"BIM"之父）于1975年提出的。在工程项目全生命周期内，具备将所有信息（包括建筑的几何特性、功能要求和建筑构件的性能）综合到同一个建筑模型中的功能就称为建筑信息模型，该单一的建筑信息模型还能包含建造过程中的进度、成本、资源等信息。

2002年，欧特克（Autodesk）公司首次对BIM的概念和内涵进行了详细的阐述，认为BIM不仅是一种新型设计软件，更是一种具有开拓性的思维方式与工作方法，BIM的出现颠覆了传统的以文本和图纸为主要信息传递媒介的开发建设模式，是一种创新型的设计与施工管理方法的集成。自此之后，BIM被广泛传播。各大软件公司如Autodesk、Graphisoft及Bentley等相继提出BIM的定义并推出了BIM的设计、分析、模拟建造等软件。

1.1　BIM与数字建造

1.1.1　信息技术与工程建设

想一想

BIM 到底是什么？它有哪些功能？它与传统的 CAD 绘图有什么区别？

1. 相关概念

（1）信息。信息是人们在适应客观世界，并使这种适应被客观世界感受的过程中与客观世界进行交换的内容的名称。它主要是指事物的大小、形状、颜色、数量、变化过程等各类属性的集合。通常所应用的文字、符号、图片、音频、视频、各类数据，包括一些可传递的想法，都可以归纳为信息。

（2）信息技术。信息技术是在信息科学的基本原理和方法的指导下扩展人类信息功能的技术。信息技术是以计算机和现代通信为主要手段实现信息的获取、加工、传递和利用等功能的技术综合，是指扩展人类信息器官功能的技术总和。

（3）BIM。BIM有狭义概念和广义概念之分。广义的BIM是指Building Information Modeling，是指创建、组织、管理各构件模型信息的过程；而狭义的BIM指Building Information Model，翻译成中文仍然是建筑信息模型，但主要指在上述过程中形成的包含建筑物各种信息，即三维（3D，下同）可视的参数化模型。从20世纪90年代至今，业内人士对BIM的概念有过很多种提法，如3D建模、虚拟建筑、单个建筑模型等。这些概念都集中提到了BIM两个方面的功能：第一，在三维BIM模型中自动生成或直接提取二维（2D，下同）图形；第二，使用三维BIM模型中所包含的构件信息自动生成材料表单。

BIM以三维数字化技术为基础，将项目信息收集、分析、交换、更新、存储等流程重组集成，通过数字信息的仿真来模拟建筑物所具有的真实信息，在项目不同的实施阶段，及时为建设项目各参与方提供与项目密切相关的准确的、足够的信息。同时该模型实现了不同软件、不同参与方、不同项目阶段之间的信息交流与分享，极大地提高了建设项目设计、施工、运营、维护的效率，进而推动建筑行业生产效率的提高。

BIM的定义

BIM的定义版本很多，比较权威的有以下几种：

美国国家 BIM标准（The National Building Information Modeling Standards，NBIMS）对BIM的定义表述如下：BIM是一个数字化模型，它包含物理几何信息和功能特性。在工程项目全生命周期中，从概念设计阶段到拆除阶段都能为此提供可靠的依据。同时，各个项目参与方都可以根据自身的权限在BIM模型中创建、提取、更新项目信息。BIM也是基于特定标准的共享数字化模型，来满足项目各参与方的协同作业。

与美国国家BIM标准给出的BIM定义相比较，美国国家建筑科学协会下设的设施信息委员会（Facilities Information Council，FIC）给出的 BIM的定义比较准确和完整，其定义表述如下：在工程项目周期管理中，BIM承载的信息是可计算、可运算的，它在工业标准下能表达建筑构件的物理几何和功能特性。

国内外各版本有关BIM的定义，虽然在表述上各有侧重，但它们都有以下共同点：

（1）BIM所包含的信息都含有建筑构件或设备的功能属性和物理特性，也含有各参与方的所有信息，服务于工程项目全生命周期的信息管理。

（2）BIM是一种数字化表达，是参数化的，可计算的。

（3）BIM是基于开放性的标准创建的信息共享。

2．BIM技术的核心功能

目前，各国关于BIM技术的推广深度、应用标准以及实施框架等都不尽相同，但是通过国内外相关研究成果及实际应用案例可知，BIM技术之所以能够成为信息和工程项目管理之间的联系桥梁，通过其承载的各种建设信息把工程项目管理的计划、组织、协调、控制等流程进行集成，是因为其先进的应用理念和适用性的核心技术，使得建设项目管理能够透明化、高效化和标准化。

（1）参数化建模。参数信息是BIM模型中建筑形体本身所具有的描述特定属性的信息，参数化建模是BIM软件的基础功能之一。只要输入相关参数，BIM软件就可利用参数直接进行建筑设计、结构设计、机电设计、装饰设计等，三维动态的建筑和结构模型就可自动创建。BIM软件可实现多专业工程师在同一设计平台上协同工作、优化设计方案、改善设计流程，工程项目设计方可直接修改或优化已经定义的形体参数和参数关系。参数化建模最大的意义在于创建、分析、统计过程可自动连接，可自动对工程量、材料需求量、设备需求量以及所需的劳务量进行统计。由于建模过程都是在同一个BIM数据库基础上进行的，因此，模型中所有信息都与现实建筑形体一一对应，无论视图还是表格都与实体信息参数相关联。

（2）可视化模拟。以专业知识和几何规则为基础确定的建模方法，加上可视化设计与施工（virtual design and construction，VDC）技术的多维度演示，可以在BIM模型中实现建设全过程模拟的可视化。运用BIM技术不仅可以根据建筑信息建立模型并进行动态分析，还可以在设计阶段进行碰撞检查、管道冲突检验，也可进行结构耗能分析、风声热力学分析模拟，通过多种模拟来提高设计的可建造性。例如，在工程项目施工准备阶段，可利用BIM的四维（4D，下同）模拟施工组织设计、施工进度方案等，尤其针对一些新材料、新技术、新流程，以此可以提高建设项目的整体效率。BIM本身就是一种可视化程度较高的工具，具备提供建筑物可视化的成果。利用虚拟环境的数据集成，在虚拟环境中做模拟仿真，通过三维模拟将建筑设计、施工、运营全过程回归到本来面目。

（3）自动化更新。可视化有利于建筑、结构、机电、暖通等设计过程各方之间信息的交流沟通，而建筑信息的自动化更新是可视化实现的基础。建筑模型的建筑效果与传统的二维图纸描绘的建筑效果有很大区别，BIM具有典型的数据信息动态更新的功能，而且信息在更新过程中能够保持很好的继承性和覆盖性，信息的延续使建筑物的物理和功能特性可以以三维、直观的立体形式展示在项目团队成员面前。由于BIM包含了项目几乎所有的几何、物理、功能等信息，并实现了信息的动态化自动更新，各方可以直接从模型中获取需要的信息，不需要手工输入。可视化的BIM模型可以随着设计信息的改变而动态更新，随时通过参数的修改来实现建筑模型的变化与调整，保证了模型中信息的唯一性，避免了信息在交互过程中发生紊乱。

（4）关联性修改。建筑构（配）件在属性、功能、物理特性方面具有很高的关联性，这些关联性的核心在于信息的高度关联。BIM是一个开放性的数据库，在不同的规则和标准下可以导出不同类型的信息，如项目进度、成本、质量等，并且实现了一般工程软件很难实现的信息关联性修改的目标。当模型中的某一构件的某项数据参数发生细微变化时，该构件的所有与该项参数关联的其他参数也会及时、准确地自动更新。同时在模型创建阶段设立的一些最基本的参数在建设项目的不同阶段是保持不变的，不会因工程项目阶段的变化而自动变化。BIM模型中数据信息的关联性使得基于参数建立的模型更加完整、准确，有利于信息管理效率的提高。

知识拓展 ✈

BIM与CAD的区别

我国工程建设行业经历了两次具有颠覆性的技术革命：第一次是CAD，它作为绘图工具影响了流程再造的方法论和理念，为整个行业带来颠覆性的变化；第二次是BIM。那它们之间到底有什么区别呢？

CAD技术即计算机辅助设计（Computer Aided Design）技术，在工程领域中使设计师们完成了"甩图板"的突破。传统CAD技术通过图形元素点、线、面等二维形式来表达建筑几何性能。但CAD技术已难以满足现代建筑业的发展需要：建筑结构比较复杂的多曲面表现完全用二维图纸已无法满足现代建筑设计的要求；设计修改工作量大，一旦有错误，则需要修改平面、立面以及剖面图；二维图纸承载的信息不便于各参与方交流等。

BIM与CAD之间除了在表达形式上不同外，最主要的区别还在于信息的承载形式与信息的交换方式。在信息承载形式方面，两者的主要区别如表1.1.1所示。

表1.1.1　CAD与BIM信息承载形式对比

信息形式	几何数据	工程进度	工程量	资源信息
CAD	二维表达：点、线、面	无	需人工统计计算	文本形式
BIM	三维形式：立体、可视的	参数化、可计算的	自动统计、参数化、可计算的	参数化、可计算的

两者之间的信息交换方式主要区别如图1.1.1所示。

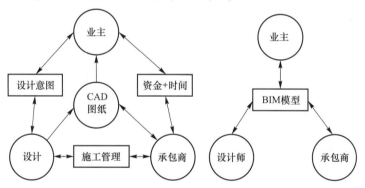

图1.1.1　CAD与BIM信息交换方式比较

由图1.1.1可知，BIM提供了一个信息交换的平台，能共享工程项目的全生命周期中的信息，使各参与方协同作业，共享信息，加快了信息交换速度，提高了信息交换质量。

1.1.2　BIM技术在项目管理中的实施

每一个BIM应用实施过程都涉及众多的参与方，这是因为其本身是共享资源信息的平台。在进行实际选取的过程中，一方面需要根据BIM的应用进行筛选；另一方面需要结合BIM的应用案例进行筛选，以此来提高包括冲突方面的检测和管道线路的综合以及施工过程中的进度模拟等方面的应用价值。

BIM技术在项目管理中的实施，其主要内容是BIM应用程序参与者详细定义下的任务和责任。下面根据项目参与者划分的不同工作阶段，设计出BIM应用程序的具体步骤。

（1）开发项目章程。开发项目章程的目的是要明确项目总体目标、项目信息，比如总体规划，并确定总协调人等主要的人员信息，使双方在共同的目标下开展工作。

（2）确认工作内容范围。不同的BIM应用程序涉及不同的参与者，应对每个参与者的工作内容范围进行界定，主要包括配合程度、工作时间和输出的成果方面。

（3）实现团队组建。形式就是由各个参与人员共同组建一个团队，并且在团队当中，明确每位成员的岗位职责以及配备方面的情况。

（4）准备实施计划。参与者一方面需要考虑整个项目的目标和总工期；另一方面需要根据各自的服务范围实施他们的计划，与其他单位合作，并将每个工作计划及所需的资源信息统一汇总，最终形成项目计划的整体。

（5）跟踪实现的过程。当事人应当按照各方实施工作计划，定期报告工作，执行计划调整，这主要是根据项目进度和业主反馈而采取的调整计划。

（6）对实践成果进行验收。需要依据整个项目的生命周期考虑各个服务范围以及标准，对实施的结果进行成果的验收，并且需要双方签字表明意见。

（7）项目总结。项目结束之后进行总结，从而能够实现指导下一轮的工作开展。

BIM应用与工程项目全生命周期相结合，从工程策划到工程竣工，BIM不仅能提供工程建模、硬件配套等硬件支持，还能规范建模原则、标准。另外，应用BIM可视化、协同性、模拟性、优化性和可出图等特点，可对工程组织进行变革，制定基于BIM环境的相关配套制度、质量控制程序及防范风险措施等。BIM在工程项目全生命周期中的工作流程可以划分为四个阶段，如图1.1.2所示。

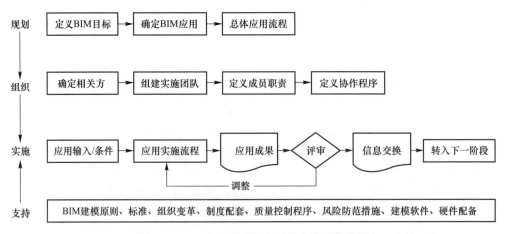

图1.1.2　BIM在工程项目全过程中的工作流程

① 规划阶段。此阶段在传统的工程项目建议书和可行性研究报告的基础上制定建设项目应用BIM的目标，确定BIM技术的应用，并规划BIM技术的总体应用流程。

② 组织阶段。在建设项目BIM技术的应用目标、应用点和流程设定好后，根据BIM技术对各参与方信息协同的要求确定BIM技术的各参与方并组建实施团队，确定各方职责，制定各方协作的程序。

③ 实施阶段。根据项目进行阶段和参与人员职责划分，建立BIM应用和实施流程。包括调整阶段和信息交换等过程。

④ 支持阶段。在此阶段BIM技术的应用包括BIM建模原则、标准、组织变革、制度配套质量控制程序、风险防范措施、建模软件、硬件配备等。

> **知识拓展**
>
> 究竟什么样的项目适合运用BIM技术？用到什么程度合适？
>
> BIM技术运用的选择一般是从下面七个判断因素和三个选择结果中进行判断决策。其中七个判断因素为：
>
> （1）项目有复杂构件或部件吗？
>
> （2）项目的类型/范围是什么？
>
> （3）项目需要高强度的运营维护管理吗？
>
> （4）项目重要性程度高吗？
>
> （5）其他因素支持BIM技术应用吗？
>
> （6）BIM技术重复利用可能性大吗？
>
> （7）主办方BIM技术应用能力如何？
>
> 根据每个项目在上面七个判断因素中的具体情况，最终可以在下面三个BIM应用方案中选择其一：考虑全面的BIM技术综合应用；考虑在特定专业或功能上应用BIM技术；考虑将BIM技术应用作为可选项。
>
> 也就是说，在同时满足"大型项目、包含复杂构件或部件、BIM技术重复利用率高"的项目上才考虑全面的BIM技术综合应用；如果前述三个条件不能同时具备，可能还需要满足"项目需要高强度的运营维护管理、重要性程度高、其他因素支持、主办方BIM技术能力支持"等其他要素才会考虑全面的BIM技术综合应用；对于不满足这些条件的项目只考虑在特定专业或功能上应用BIM技术，甚至暂时不用BIM技术。所有这些决策的基本前提是经济上可行。

1.2 装配式建筑概述

什么是装配式建筑？它与其他结构形式的建筑有什么区别？

1.2.1 装配式建筑的概念

1. 装配式建筑的概念及特点

装配式建筑是指由预制的混凝土构件、钢构件、木构件等各类建筑构件，通过工厂化的方式进行生产，然后把构件运至施工现场进行组装的一种建筑形式。如同将在工厂生产好的零件组装成机器一样，在工厂将预制构件做好，然后运到施工现场进行组装。装配式混凝土建筑就是用预制的混凝土构件组装而成的建筑。

装配式建筑最主要的特点是工厂化生产效率高，并能够节约大量木材等资源，同时又大量节约劳动力，而且它用的是绿色建筑材料，安全无毒、对人体无害、不污染环境，推动了绿色建材的发展。此类建筑具备很多传统建筑不具备的优势，如施工速度快、方便、缩短工期、节约劳动力、受外界气候条件限制小等，具体可有以下几点：

（1）设计灵活、技术创新。传统建筑与现实需求不符，承重墙偏多，分割固定不灵活，而且开间小。装配式建筑技术的关键在于具备相应完整的轻质隔墙，减少了实心黏土砖的使用量，过去实心黏土砖的大量使用，破坏了农田且过度消耗能源（已被国家禁止使用）。

装配式建筑消除了传统建筑的劣势，采用钢结构或钢筋混凝土结构，在工厂里预制好楼板、墙面、梁等材料，建筑采用可变分割的方式，根据住户和地理位置对建筑风格的需要建造风格迥异的建筑，使房屋布局灵活多变。

（2）功能创新。装配式建筑在功能上有很多优点，如轻质节能、隔声、保温、防火等。装配式建筑采用的非实体墙极大地减少冬季采暖和夏季空调的能源消耗，同时外墙的保温层还具有吸声功能，加之墙体和门窗具有封闭功能，使室内可以保持相对安静的环境，避免噪声的干扰。

装配式建筑上使用不燃或不易燃材料，耐火极限达到国家A级标准，可以降低火灾发生的概率；而轻质材料的大量应用，降低了建筑物的整体质量，可起到抗震的效果；除此之外，装配式建筑的外观虽然不奢华，但耐久性好，长期使用不变形、不变色；为厨房、盥洗室添加卫生设施提供有利条件。

（3）制备工厂化。传统建筑物的外表面粉刷各种图案，其上的彩色涂料容易出现色差和褪色，而装配式建筑的外墙板的制作工艺比较特殊，通过利用模具，机械化喷涂、烘烤等步骤，克服了传统建筑褪色的缺陷。

木窗、钢门窗以及铝合金门窗的应用越来越少，原因是人们对构件性能的要求日渐提高，而此时塑钢门窗的日渐兴起满足了人们对这类产品的需求，其制作工艺更加先进。

板、毡装等保温材料取代了散装的材料；房屋构架、各种金属连接件采用机械化生产，因此尺寸精确；楼板及屋面壁板也采用工厂预制，为建造过程提供便利。

室内使用的材料（如石膏板、涂料等）都是按照严格要求制造的，并且材料的很多性能如强度、抗冻性、防火性以及隔声等均可以随时进行调控，能满足不同人、不同环境的要求。

（4）施工简化、方便。由于装配式建筑自重较小，地基较传统建筑简化许多，工厂将预制好的构件运至现场，将其按规程、设计组装好，避免了很多原材料搅拌、抹灰、砌墙的施工过程，使施工过程得到简化。同时避免了施工过程中的季节性限制，给施工带来了方便。

2. 装配式建筑的分类

装配式建筑按装配化程度可以分为全装配式和半装配式。全装配式是将全部构件在工厂批量生产，然后运至现场装配；半装配式是在工厂预制主要的承重构件，其余部分现场浇筑。装配式建筑按建筑的结构形式和施工方法可以分为砌块建筑、板材建筑、盒式建筑、骨架板材建筑、升板和升层建筑等。根据预制构件的承重形式，可以分为以承重构件为主的装配式混凝土剪力墙结构和以自承重预制外墙构件为主的内浇外挂式装配式建筑。下面以结构形式分类方法阐述不同建筑的特点和性能。

（1）砌块建筑。砌块建筑是采用块状材料砌成墙体的装配式建筑，其中砌块材料按照材质可分为黏土块和混凝土块，按应用部位可分为承重砌块和围护砌块，按照砌块重量可以分为空心砌块和实心砌块，按照尺寸大小可以分为小型砌块、中型砌块及大型砌块。砌块建筑的优点是造价低、生产工艺简单、节省劳动力、工业废料再利用、节约能源。由于砌块种类多样，因而可以适应建筑的多种需求，根据砌块的不同特点和性质，采用不同的建筑方式，将不同性质的砌块组合应用，使得装配式建筑灵活多变，在性能上兼具保温、隔热、隔潮等优点。

（2）板材建筑。板材建筑是由各类板材（如楼板、内外墙板）等装配而成的，是全装配式建筑工业化的主要发展方向。板材建筑对所应用的板材性能有一定的要求，如内板墙要采用钢筋混凝土的实心板或空心板，而外墙板则采用具有保温作用的钢筋混凝土复合板，也可以用轻集料混凝土保温板。板材建筑的技术关键是节点设计、保持结构的整体性，因此造成这种结构布局制约性较大、分割固定不灵活等缺点。

（3）盒式建筑。盒式建筑是一种立体六面形预制构件，由于类似盒子的形状而得名。盒式建筑是以板材建筑为基础发展起来的装配式建筑，按装配形式可分为全盒式、板材盒式、核心体盒式、骨架盒式等；按材料组成可分为钢盒子、钢筋混凝土盒子、铝盒子、木盒子、塑料盒子；按大小尺寸可以分为单间盒子、单元盒子；按是否承重可分为无承重骨架结构、承重骨架结构；按盒子建筑的构造可以分为骨架结构盒子、薄壁盒子等。不同的盒子类型适合不同的建筑形式，如钢盒子由于承载力较大，就适合比较高的建筑，而木盒子、塑料盒子就只适合单层或较低层的建筑；应用最广的是薄壁盒子，这种盒子通常由钢筋混凝土整体浇筑而成，其墙体采用维护材料。盒子建筑工业化程度比较高，盒子的结构部分包括内部装修和设备、各种家具都可以在工厂内部完成，使用起来节省装修时间，但盒子建筑在运输过程中比较耗费资金，因此在应用和发展速度上受到了限制。

（4）骨架板材建筑。骨架板材建筑是由骨架和板材组合而成的。其承重结构有两种形式：一种是柱、梁一起组成承重框架，而楼板和内外墙板为非承重框架体系；另一种是由柱子和楼板一起组成承重结构体系，内外墙为非承重框架体系。骨架板材建筑按承重骨架的性质可以分为重型和轻型两种。重型是指骨架为钢筋混凝土结构；轻型是指骨架为由钢和木骨架与板材组合而成的。重型骨架的骨架板材建筑依据装配式程度可以分为全装配式和部分装配式（预制与现浇相结合）。骨架板材建筑的技术关键在于构件连接的合理性，只有通过严格的计算和设计才能保证结构具有满足要求的刚度和整体性。骨架板材建筑的优势就在于结构合理的情况下可以减轻建筑物的自身重量，而内部又避免了盒式架构结构单一、不灵活的缺点，可以应用到多层和高层的建筑。

（5）升板和升层建筑。升板和升层建筑是板柱结构的一种，是将各层的楼板和屋面板放在底层地面上浇筑好，然后用放在预制钢筋混凝土柱子上的油压千斤顶将浇筑好的屋面板和楼板提升到设计高度，加以固定。升板和升层建筑的优势在于施工过程大部分在地面上完成，避免了高空作业给施工人员带来的危险，同时节约了高空作业需要的脚手架等工具，减少了施工的占地面积；升板和升层建筑的另一个优势是施工快速，适合于场地受限的环境。升板和升层建筑的楼板承载力较强，因此多用于商场、仓库等地。

1.2.2 装配式建筑的历史沿革

许多发达国家和地区在建筑方面已经走向建筑产业化，传统的建筑方式已经逐渐被取代，如北美地区、欧洲国家、韩国和日本等。

17世纪，欧洲的德国、法国、英国、西班牙、芬兰等国就已经开始了工业化之路，是预制建筑的起源地。第二次世界大战带来的劳动力资源短缺，推动了各国探索建筑工业化的发展。以板式建筑为例，欧洲的装配式建筑发展历史悠久。

我国装配式结构体系包括预制装配式混凝土结构、预制装配式框架结构、预制装配式剪力墙结构等。发展较早的是预制装配式混凝土结构，其施工技术的研究起源于20世纪五六十年代，主要应用于工业厂房、居民楼、办公楼等。经过20多年的快速发展，到20世纪80年代，预制装配式混凝土结构发展到全盛时期，发展的结构形式有装配式盒子结构、大板结构、框架结构等。但是由于构件生产、施工以及构件连接方式存在问题，结构抗震性能差。典型事件是唐山大地震，地震发生后，出现大量的预制装配式混凝土结构被破坏的现象；其整体性和专业性的相关研究不够专业，深度不够；加之生产企业的规模小、工艺技术落后，质量标准较发达国家低，致使预制装配式混凝土结构给建筑产业带来的经济效益差，使得这种结构的发展从20世纪80年代后开始消退，并出现被现浇混凝土建筑所取代的趋势。

近年来，随着经济的迅速发展，国家对建筑产业节能环保的要求日益提高，加之劳动力成本也在不断增加，有关预制装配式混凝土结构的研究也逐渐被重视，多家企业和研究机构对装配式混凝土结构进行了深入的分析和研究。目前，我国预制装配式混凝土结构在构件设计、生产和施工过程的发展不仅优于20世纪80年代，还优于现浇混凝土结构的性能。但一些地区的预制结构还是一些初级的预制产品，主要的结构构件还是采用现浇结构体系，甚至很多地区全部是现浇结构体系。

我国香港和台湾地区的预制装配式混凝土结构的应用较为普遍，装配式建筑的施工规范也很完善，原因在于香港对限制施工场地比较严格，同时大力提倡保护环境。正因如此，很多高层住宅选用板式架构，而厂房类则多采用装配式框架结构。我国台湾地区预制装配式混凝土结构体系与韩国、日本相接近，装配式建筑的抗震性能达到较先进的水平，在预制结构施工管理上比较专业，充分发挥了装配式建筑的优势。

预制装配式框架结构是一种柱全部采用预制构件、梁采用叠合梁、楼板采用预制叠合楼板的结构体系。我国多家先进科研机构和院校对此进行了研究和探索，包括中国建筑科学研究院、东南大学、同济大学等。

我国的装配式建筑按照住宅的基本模式可以分为组装式、单元式和混合式，组装式又可以分为整体拼装式和分阶段拼装式。经过几十年的发展，我国装配式建筑的应用正在各地迅速发展。

目前，装配式建筑还存在着一些问题，但其在性能、施工效率、造价以及环保等方面都有着传统建筑不可比拟的优势。随着建筑产业化的发展，装配式建筑的劣势会逐渐减少。国外的建筑产业起步相对较早，预制装配式建筑体系也相对完整，而我国起步较晚，由于我国正处于城市化快速发展阶段，每年新建的建筑量高达20亿m^2，占世界总量的40%左右，建筑业又是我国国民经济中的支柱性产业，因此建筑产业化是我国建筑业发展的必然趋势。

图1.2.1　美国加勒比海装配式别墅设计图

1. 国外装配式建筑的发展

北美地区以美国和加拿大为主，图1.2.1为美国加勒比海装配式别墅的设计图，该别墅为二层建筑，总高度约16m，面积约400m^2，外形似六角蘑菇，由于地理环境特殊，对建筑的抗震性和抗风性要求较高。

美国曾在丹佛市采用砌块建造一座17层的公寓和一座20层的克兰姆大楼，该建筑的砌块材料采用的是黏土类实心砖，墙体较薄，但采用了纵横加筋的方法，所以抗震性较好，曾在里氏5级地震中完整无损。美国另一个装配式建筑的典型案例是美国希尔饭店的大楼，大楼有13层，曾在1971年的大地震中保存完好，未受损坏，原因是大楼墙体采用的是高强度混凝土砌块。板式建筑在美国也有发展，美国费城就有三层的板式建筑办公楼，楼板与墙板采用相同尺寸。

加拿大已建了大量的大板建筑和盒式建筑，而且现有的大板建筑已有26层之高，而盒式结构更是规模庞大。总而言之，北美洲的混凝土协会对装配式建筑的长期研究和推广，使得预制混凝土的相关标准和规范得到完善，推动了装配式建筑的发展。美国加利福尼亚州地区地震多发，使得预制建筑由低层非抗震性向中高层抗震性转变，对全世界预制混凝土的发展起到了推动作用。

法国是世界上最早推行建筑工业化的国家之一，其装配式建筑的发展已有数十年，就其板式建筑而言有30多年的历史，大板建筑物相当普遍，因此在技术上已经比较成熟。建筑物的分布区域分地震区和非地震区，在地震区，建筑物可达到10～12层，在非地震区可达到25层。

意大利板式建筑也应用广泛，如一座三层的行政办公楼，一楼为车间，二、三层为办公区，墙板内侧有保温层，而楼板则采用空心板，水电管线可置于其内，既节省空间又方便，而且施工快速。

德国也将板式建筑应用在厂房上，如某染料厂采用了四层的板式建筑。近年来，装配式建筑在德国也越来越受欢迎，2011年德国预制装配式住宅需求比2010年提高0.5个百分点。

日本的建筑产业化起源于20世纪60年代，其成熟期在20世纪70年代左右。日本曾采纳了欧美的成功经验，根据自身国情和地理位置需要，在抗震性设计方面取得了突破性进展。比较突出的成绩有2008年建成的两栋58层的东京塔，它是装配式建筑的典型实例。由于装配式建筑施工快速，日本一座100户5层的典型住宅，如果使用传统施工方法需要240d的工期，但采用预制装配式施工方式后，仅仅用了180d。现如今，日本的大部分房屋都是在工厂里预制出来，并在现场组装而成的，而且外墙材料采用纤维板、水泥和木质复合板以及混凝土组合而成，最外层涂上涂料，内墙是石膏板。

2. 我国装配式建筑的发展

我国预制装配式框架结构的应用实例有深圳的万科第五园工程。它属于住宅小区，建筑面积约654.3m²，建筑物高度为9.3m，耐火等级为一级，抗震设防烈度较高，项目采用了预制与现浇相结合的施工方式。

近几年，我国装配式建筑主要应用在住宅方面，如山东莱芜的樱花园小区1号楼，采用钢框架支撑结构；陕西咸阳丽彩·天玺广场是首座地震设防烈度为8度的住宅楼；山东济南的艾菲尔花园也是采用钢框架支撑结构的典型案例；天津的彩丽园2号楼和西里住宅小区8号楼都是天津钢结构住宅单体试点工程；上海的春夏秋冬别墅、深圳大鹏湾的滨海钢结构住宅以及河北保定多层轻钢的住宅示范楼都是我国装配式建筑的成功实践案例。

2011年，沈阳市成为全国首个建筑产业化试点城市，为推动现代建筑产业化发展，成立了推进现代建筑产业化发展领导小组，并发布三部省级地方技术标准，分别是《预制混凝土构件制作与验收规程》（DB21/T 1872—2011）[①]、《装配整体式混凝土结构技术规程（暂行）》（DB21/T 1868—2010）、《装配式建筑全装修技术规程（暂行）》（DB21/T 1893—2011）。

图1.2.2为沈阳万科春河里的效果图，沈阳万科春河里是沈阳大力发展装配式建筑的典型实例，它占地面积约8.14万m²。该项目借鉴日本鹿岛装配式框架结构的先进技术，项目中的柱、梁、框架结构全部在工厂预制好，然后运至现场组装，避免了传统施工时间长、污染严重的缺点，同时不受北方季节性的限制。

图1.2.2　沈阳万科春河里效果图

1.2.3　装配式建筑体系与构造

装配式建筑结构体系可归纳为通用结构体系和专用结构体系两大类，其中专用结构体系一般在通用结构体系的基础上结合具体建筑功能和性能要求发展完善而来。目前的装配式建筑已向现浇和预制相结合的装配整体式混凝土建筑结构体系方向发展。

1. 通用结构体系与构造

装配式混凝土结构和现浇结构一样可概括为框架结构体系、剪力

---

①现已废止，被《装配式混凝土结构构件制作、施工与验收规程》（DB21/T 2568—2016）替代。

墙结构体系及框架–剪力墙结构体系三大类，各种结构体系的选择可根据具体工程的高度、平面、体型、抗震等级、设防烈度及功能特点来确定，其装配特点及适用范围如表1.2.1所示。

表1.2.1　装配式混凝土结构体系的装配特点及适用范围

项目	装配式混凝土结构体系		
	框架结构体系	剪力墙结构体系	框架–剪力墙结构体系
结构体系	世构体系（法国） 抗震框架体系（日本、韩国） 传统框架体系（中国）	L板体系（英国） 大板体系（中国） 半预制体系（德国） 预制墙板体系（日本） 北京万科预制外墙体系 澳大利亚体系	日本HPC体系 美国停车楼体系 中国香港预制体系 外墙挂板体系（附属）
预制内容	叠合梁、叠合板，预制柱、楼梯、阳台等	叠合板，预制外墙板、楼梯、阳台等	叠合板、叠合梁，预制柱、外墙挂板、楼梯、阳台等
装配特点	通过后浇混凝土连接梁、板、柱以形成整体，柱下口通过套筒灌浆连接	通过现浇混凝土内墙和叠合楼板将预制外墙板、楼梯、阳台等连接为整体，外墙板下口可采用套筒灌浆或焊接等方法连接	通过现浇剪力墙和叠合楼板连接预制构件，柱或楼板也可采用现浇，外墙可采用柔性连接的外墙板
适用范围	一级抗震 设防烈度：8度 结构高度：45m	一级抗震 设防烈度：8度 结构高度：100m	一级抗震 设防烈度：8度 结构高度：100m

我国现行规范对混凝土框架结构的抗震等级及高度限制要求较严格，主要是基于我国目前的装配技术研究成果缺乏，以及材料、设计、施工水平与西方发达国家相比差距较大的现状考虑；另外，我国的混凝土结构设计思想主要侧重于提高抗震设防能力，在采用隔震、减震技术方面较欠缺，故未来高层装配式混凝土结构须采用与隔震或减震技术相结合的方法代替目前的抗震方法。

目前我国装配式剪力墙结构体系主要适用于抗震设防等级及抗震烈度要求较低地区的多层居住建筑，要严格控制全装配剪力墙结构体系的应用，主要原因是预制墙板水平连接构造较难处理，很难达到与现浇混凝土结构完全等同的效果。在现阶段，我国剪力墙体系结构设计仍应贯彻以现浇为主导、预制为辅助的指导思想，外墙板、叠合板、楼梯、阳台等构件可设计为预制，内墙及山墙等主要传力构件宜采用现浇，这样可将其设计为装配整体式混凝土剪力墙结构（图1.2.3），其性能可等同于现浇结构。

装配式混凝土框架–剪力墙结构体系应明确剪力墙以现浇为主，框架部分的梁、板、柱可采用预制（图1.2.4），采用叠合楼板或现浇楼板加强预制构件与现浇结构的连接，实现基于可等同现浇结构的设计原则。

图1.2.3　装配整体式剪力墙结构　　　图1.2.4　装配整体式框架节点连接构造
　　　　　连接构造

2. 专用结构体系与构造

装配式混凝土结构可结合各地区不同的抗震设防烈度、建筑节能要求、自然条件和结构特点，来研究开发专用结构体系，这样不但可提高预制装配结构模数定型的标准化要求，还可提高建筑的预制率，从而提高施工效率，对缩短工期和降低成本具有非常重要的意义。

国外许多工业化程度高的发达国家都曾开发出各种装配式建筑专用结构体系，如英国的L板体系、法国的预应力装配框架体系、德国的预制空心模板墙体系、美国的预制装配停车楼体系、日本的多层装配式集合住宅体系等。我国的装配式混凝土单层工业厂房及住宅用大板建筑等也都属于专用结构体系范畴。实践证明，装配式混凝土建筑专用结构体系具有非常好的适用性和技术经济性。

1.2.4　装配式建筑施工要点

1. 装配式建筑安装工法的特点

预制混凝土装配整体式结构充分利用构件工厂化生产的优势，实现了预制构件设计标准化、生产工厂化、运输物流化以及安装专业化，提高了施工生产效率，减少了施工废弃物的产生。其安装工法特点如下：

（1）预制构件设计标准化、生产精度高。工程预制构件包括预制墙板、预制叠合阳台板、预制叠合板、预制楼梯、预制飘窗及预制装饰板，同类型构件的截面尺寸和配筋进行统一设计，保证构件生产标准化。在构件生产过程中，对构件的截面尺寸、定位钢筋位置及构件的平整度、垂直度的生产精度提出严格的要求。

（2）预制构件生产及运输计划配套。根据构件使用需求情况，提前做好构件生产和运输计划。构件加工前，应按照构件需求总进度计划排出生产计划，确保构件生产、运输与现场安装配套供应，保证现场流水施工。

（3）构件吊装顺序化。根据标准单元的构件布置图，采取先远后近的原则，确保塔式起重机吊装顺序合理。在构件吊装前，可对预制构件进行顺序编号、控制吊装顺序。

（4）工器具支撑方便快捷。根据构件的受力特征设计构件快速支撑、定位的工具；在预制构件生产及现浇部位浇筑混凝土时设置配套预埋件，保证构件支撑方便、就位快捷。

（5）质量通病少。预制外墙板为"三明治"夹心的保温体系，通过采用面砖反打工艺、构件拼接处企口设计，从工艺及构造上解决了外墙面渗漏、开裂、面砖空鼓及伸缩脱落等问题；通过工厂化生产解决了构件滴水线及装饰线易损坏及房间施工尺寸偏差大等通病，如图1.2.5所示。

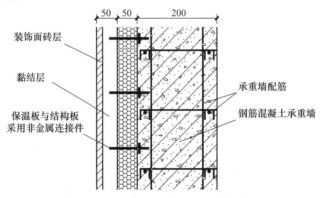

图1.2.5　预制外墙板夹心保温结构体系

（6）预制构件连接可靠。根据预制构件的受力特征采用特定的连接方式与现浇结构连成一体，满足结构承载力和变形要求。预制墙板采用套筒灌浆连接，预制叠合类构件采用叠合面上绑扎钢筋、现浇混凝土浇筑连接，预制飘窗、预制楼梯以及预制装饰板采用螺栓连接或者焊缝连接，连接后通过节点部位的后浇筑混凝土形成一体，达到构件连接可靠，满足结构的安全性和耐久性。

（7）施工安全隐患少。预制墙板、预制飘窗以及预制装饰板保温及外饰面在工厂加工完成，减少了外立面装修工程量。外墙预制墙板之间现浇节点的外模板采用预制混凝土保温装饰一体化模板方案，避免了外侧节点模板支设难、后续保温施工安全隐患多的问题，减少了外装修的高风险作业，如图1.2.6所示。

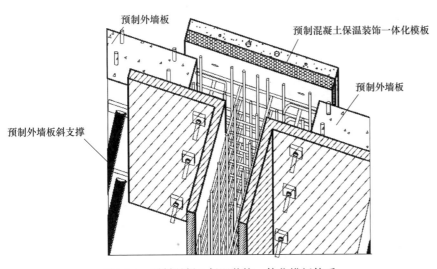

图1.2.6　预制混凝土保温装饰一体化模板体系

（8）劳动效率提高显著。传统现浇结构由操作面的钢筋绑扎、模板支设、混凝土浇筑以及墙体的外保温和装修饰面组成；装配式结构住宅将传统的操作面工序统一转为由工厂生产，这在很大程度上降低了操作面的施工难度，减少了操作面的施工工序，大大提高了劳动效率。

（9）节能减排效果显著。构件工厂生产减少了建筑材料损耗；现场湿作业显著减少，降低了建筑垃圾的产生；模板支设面积减少，降低了木材使用量；钢筋和混凝土现场工程量减少，降低了现场的水电用量，也减少了施工噪声、烟尘等，节能减排效果显著。

2. 装配式建筑安装施工工艺原理

采用构件安装与现浇作业同步进行的方式，即预制墙板与现浇墙体同步施工，预制墙板安装后采用套筒灌浆连接方式保证钢筋以及墙板的受力性能，并通过现浇节点浇筑形成整体；预制叠合类构件安装与楼板现浇同步施工，通过叠合层混凝土浇筑形成整体；按预制楼梯板、预制装饰板随层安装，预制飘窗错层安装的方式完成结构施工；预制混凝土保温装饰一体化模板的安装使用解决了预制墙板之间现浇节点外模支设的问题。本工法通过对预制构件运输、存放、吊装、安装、连接、现浇节点处理以及成品保护等各环节质量进行严格控制，通过大量应用预制构件专用吊装、支撑、安装等工器具，使得预制构件安装施工便捷、质量可靠，提高了劳动生产率，达到了节能减排的社会效益。

3. 装配式建筑安装施工工艺流程

装配整体式结构施工自构件深化设计时起，到施工完成时止，根据装配式结构特点，合理安排施工工序，达到流水作业，实现质量、工期优化。其施工工艺流程设置如图1.2.7所示。

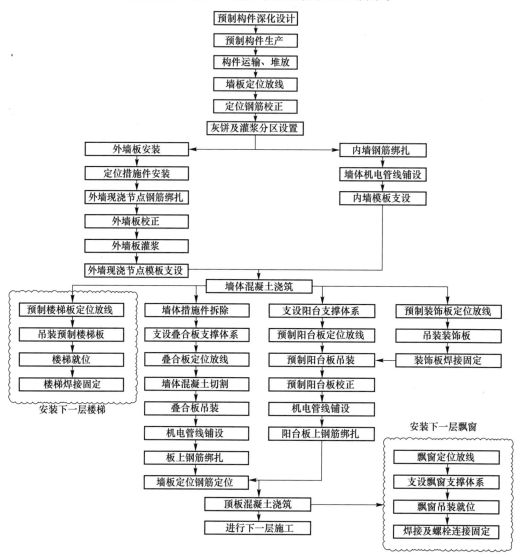

图1.2.7 预制混凝土装配式结构构配件安装施工工艺流程

4. 装配式建筑预制构件生产

装配式建筑预制构件生产要点如下：

（1）预制构件加工时应择优选择原材料，确定合格供货方，确保原材料质量符合现行国家标准。预制构件制作成品质量应满足设计和现行国家规范要求。

（2）预制构件的钢筋加工、预留预埋应符合设计规范及措施性施工功能要求。

（3）预制构件加工厂应按照设计强度进行混凝土试配，配合比设计应充分考虑混凝土早强要求，合理选用外加剂。

（4）预制墙板采用面砖反打成型工艺生产。预制墙板应严格控制模板质量，保证模板强度、刚度及平整度，同时还要考虑拼装简单、拆卸方便。

（5）在构件加工厂就预先在预制墙板底部预埋钢筋连接套筒、预制叠合类构件的预留吊环、预制装饰板、预制楼梯以及预制装饰板的预埋吊装螺母，利用加工模板的定位措施把埋件有效定位。制作预制构件模板时，利用定位销座螺栓连接在模板内侧，待构件混凝土浇筑达到一定强度后脱模，完成构件连接部位的准确定位，如图1.2.8所示。

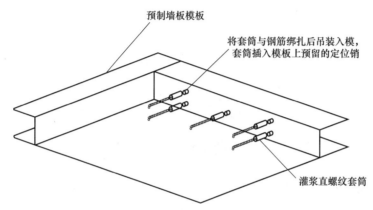

预制墙板模板

将套筒与钢筋绑扎后吊装入模，套筒插入模板上预留的定位销

灌浆直螺纹套筒

图1.2.8　预制墙板钢筋连接套筒定位示意

5. 装配式建筑预制构件运输

装配式住宅的预制板包括预制外墙板、预制楼板、预制楼梯、预制阳台板和预制空调板五种类型，每种类型又有多种型号。预制板形状有平板形、折板形和L形。在运输时，应根据不同形状及受力要求进行运输，保证板的完好。因此在加工前，应按照总进度计划排出预制板加工专项计划，其中包括预制板加工图纸绘制及确认、预制板材料采购、预制板制作、预制板运输等内容，尤其应注意以上所有环节均应考虑预制板的配套供应问题，这样才能够保证生产及安装的顺利进行。

（1）根据施工现场的吊装计划，提前一天将次日所需型号和规格的外墙板发运至施工现场。在运输前应按清单仔细核对墙板的型号、规格、数量及配套情况。

（2）运输车辆可采用大吨位卡车或平板拖车。装车时先在车厢底板上铺两根100mm×100mm的通长方木，方木上垫15mm以上的硬橡胶垫或其他柔性垫，根据外墙板尺寸用槽钢制作"人"字形支撑架，"人"字形支撑架的支撑角度控制为70°～75°。然后将外墙板带外墙瓷砖的一面朝外斜放在方木上。墙板在"人"字形支撑架两侧对称放置，每摞可叠放2～4块，板与板之间须在L/5处加垫

100mm×100mm×100mm的方木和橡胶垫，以防墙板在运输途中因震动而受损。

（3）根据预制构件安装状态受力特点，制定有针对性的运输措施，保证运输过程构件不受损坏。

（4）预制构件运输过程中，运输车根据构件类型设专用运输架，且须有可靠的稳定构件措施，用钢丝带配合紧固器绑牢，以防构件在运输时受损。如墙板运输架示意如图1.2.9所示。

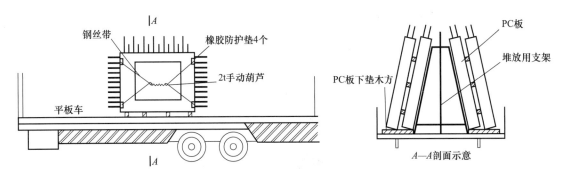

图1.2.9　墙板运输架示意

（5）构件运输前，根据运输需要选定合适、平整坚实的路线，车辆启动应慢，车速行驶均匀，不应超速、猛拐和急刹车。

（6）预制楼梯采用平运法（图1.2.10），构件重叠平运时，各层之间应放100mm×100mm方木支垫，预制楼梯构件应分类重叠存放。

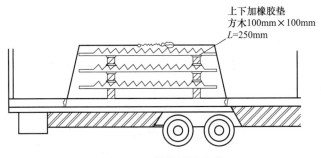

图1.2.10　楼梯运输示意

6. 装配式建筑预制墙板堆放

装配式建筑预制墙板堆放应符合以下要求：

（1）预制板按两层用量安排运输进场计划，外墙板运至现场后，按计划码放在临时堆放场地上。临时堆放场地应设在起重设备（塔式起重机或轮式起重机）吊重的作业半径内。场地应压实平整，平放码垛，每垛不超过10块，底部垫2根100mm×100mm通长方木，中间隔板垫木要均匀对称排放8块小方木，做到上下对齐，垫平垫实。

（2）卸车时应认真检查吊具与外墙板顶面的2个预埋吊环是否扣

牢，确认无误后方可缓慢起吊，如图1.2.11所示。

（3）为保证工序连续，根据施工流水，要求每个流水段至少存放一个标准单元的预制构件。预制构件运至现场后，根据总平面布置进行构件存放，构件存放应按照吊装顺序及流水段配套堆放。

（4）预制墙板插放于墙板专用堆放架上，堆放架设计为两侧插放，堆放架应满足强度、刚度和稳定性要求，堆放架应设置防磕碰、防下沉的保护措施；保证构件堆放有序，存放合理，确保构件起吊方便、占地面积最小。墙板堆放时根据墙板的吊装编号顺序进行堆放，堆放时要求两侧交错堆放，保证堆放架的整体稳定性，如图1.2.12和图1.2.13所示。

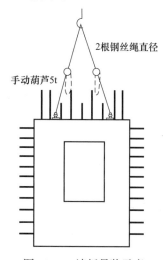

图1.2.11 墙板吊装示意

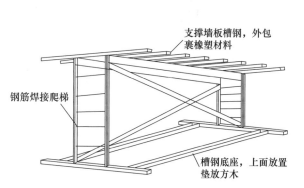

图1.2.12 预制墙板两侧堆放架效果图

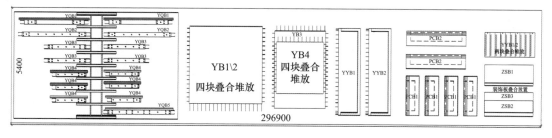

图1.2.13 标准单元构件堆放平面布置图

（5）根据预制构件受力情况存放，同时合理设置支垫位置，防止预制构件发生变形损坏；预制飘窗现场采取立放方式；预制叠合阳台板、预制叠合板、预制楼梯以及预制装饰板采用叠放方式，层间应垫平、垫实，垫块位置安放在构件吊点部位。

7. 装配式建筑吊装前准备

装配式建筑吊装前应做好以下准备工作：

（1）预制构件吊装前根据构件类型准备吊具，加工模数化通用吊装梁，模数化通用吊装梁可根据各种构件吊装时不同的起吊点位置，设置模数化吊点，确保预制构件在吊装时吊装钢丝绳保持竖直，避免产生水平分力致使构件旋转。模数化通用吊装梁平面及剖面图如图1.2.14所示。

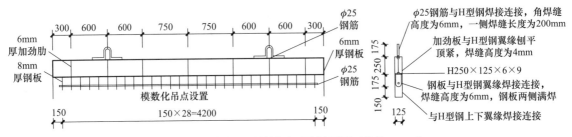

图1.2.14　模数化通用吊梁平面及剖面图（单位：mm）

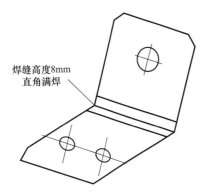

图1.2.15　吊装通用吊耳效果图

预制飘窗、楼梯以及装饰板在构件生产过程中留置内螺母，在构件吊装过程中为保证构件吊装方便，设置通用吊耳。吊耳一侧设计为相距40mm的两个椭圆孔，另外一侧设计直径为50mm的吊孔，吊装通用吊耳效果图如图1.2.15所示。

（2）预制构件进场存放后根据施工流水计划在构件上标出吊装顺序号，标注顺序号与图纸上序号一致。

（3）所有构件吊装之前应将构件各个截面的控制线标示完成，这样可以节省吊装校正时间，也有利于预制墙板安装质量控制。

（4）构件吊装之前，需要将所有措施性埋件、构件连接埋件埋设准确，连接面清理干净。

（5）吊装前的人员培训。

① 根据构件的受力特征进行专项技术交底培训，确保构件吊装状态符合构件设计状态受力情况，防止构件在吊装过程中发生损坏。

② 根据构件的安装方式准备必要的连接工器具，确保安装快捷，连接可靠。

③ 根据构件的连接方式进行连接钢筋定位、构件套筒灌浆连接、螺栓连接、焊接工艺培训，规范操作顺序，增强连接施工人员的质量意识。

知识拓展

预制墙板施工工艺流程

预制墙板安装准备→预制墙板吊装→预制墙板快速定位→预制墙板斜支撑安装→预制墙板精调→现浇节点钢筋绑扎→机电线盒、线管理设→预制墙板灌浆操作→现浇墙体支模→预制墙板间现浇节点支模→预制混凝土保温装饰一体化（PC）模板安装→墙体混凝土浇筑。

1.2.5　装配式建筑的信息化管理

1. 信息化管理的内涵

信息化管理是将现代信息技术与先进管理理念相结合，转变企业的生产方式、经营方式、业务流程、传统组织方式和管理方式，重新整合企业的内外部资源，提高企业效率和效益，增强企业核心竞争力的过程。

信息化管理的内涵如下：

（1）信息化管理是为了达到企业的管理目标而进行的一个过程。信息化是手段，不是目的，不能为了片面追求信息系统的准确、信息的快速获得而忽视信息是为企业经营管理决策服务的。

（2）信息化管理不是经营管理与IT的简单结合，而是相互融合、创新和提高。信息技术和管理是相互促进、相互融合的关系，当信息系统与现行的制度、组织等行为发生冲突的时候，当需要真正的创新发生在现有的管理层面的时候，信息系统往往无能为力，而需要通过信息化带动企业管理的创新，站在企业战略发展的高度重新审视企业的管理制度、组织结构等管理模式和方法。

（3）信息化管理是一个动态系统和一个动态管理过程。信息化不可能一蹴而就，不断总结、持续改进是推进信息化管理的有效途径。

2. 装配式建筑信息化管理的应用

信息化可以应用于装配式建筑项目管理中从项目立项审批、工程设计、施工、竣工备案、售后维修的全过程，尤其是以信息化为平台的BIM设计，以信息化为基础的装配式建筑的施工工艺，以及以信息化为依托方式的项目管理。

目前，信息化已经广泛地应用于建筑项目管理的多个环节，应用范围在不断扩大，在建设项目的前期审批、报建、招标投标等环节很早就已经进行了信息化的改造。

在设计环节，设计单位内部可以进行信息化的交流，但同外部之间的信息传递仍然不多。所以，BIM设计的诸多优点，正是未来建筑设计信息化的方向。

在施工管理过程中，大多数施工企业已经广泛地使用计算机网络收集和处理信息，这些信息更多地表现在新闻、文件、图像等资料上，能够直接应用于整个施工管理过程的并不多。在现有的情况下，可以在工程的整个施工管理中，从现场的安全管理、技术质量管理、计划统计管理、材料财务管理等多个方面应用信息技术，从而实现"安全、优质、节约、高效、创新"的目标。

在竣工后，建筑使用过程的维护和维修工作，更应该进行信息化的管理，如此才能让建筑物的使用功能得到体现，让人们在信息化管理后的建筑中生活得更安全、舒适、方便。

3. 装配式建筑信息化管理模式

目前，由于有了计算机、摄像头、扫描仪、传感器等设备，有了互联网这样一个平台，有了BIM设计、装配式建筑等技术，便能够在整个建筑项目管理上应用信息技术，从而达到"工厂化生产、可视化办公、信息化管理"的目的。

在装配式建筑项目管理上应用信息技术，最好的方式是编制一个满足各项管理功能的网络化运营的信息化平台。这个平台会非常庞大，可能一个软件公司都不能胜任这样一个任务，这个软件的编制时间也会非常长，系统的运营调试非常复杂，如果没有国家层面的顶层设计，这个平台很难建立。为了满足建筑行业的发展需求和建筑项目管理信息化的要求，比较合适的方式是，把目前应用范围较广的各类功能软件在一个可以通用的软件平台上进行捆绑，使它们的信息可以共享，使它们的各项功能满足建筑项目管理的要求。这无疑也是一种创新。

把BIM设计软件、预算软件等同全球定位系统（Global Position System，GPS）进行捆绑，可以基本满足建筑项目管理上安全、进度、质量、计划、预决算、成本等各项功能的需求。这样，便可实现以下信息化在建筑项目管理上应用的管理方式：

（1）在管理方式上，可以实现开放式管理。开放式管理，在接受社会监督，让更多热爱和关心建筑业的人充分参与进来的同时，可以增加管理内部的自我约束，迫使项目管理团队提高管理水平，提升项目管理者的素质。具体的方法是，在项目施工现场的高处安装高清摄像头，摄像头通过与项目管理的信息平台连接，即时地把项目施工和管理的全过程发布到互联网上。通过信息平台上开辟的互动空间，让外部人士广泛地参与进来，他们可以提出赞扬和批评，可以出谋划策，由此项目管理团队可以借鉴其他行业的成熟经验来改造建筑项目管理的方式和方法。这种管理方式带来的最大的好处是，可以增强社会的信任程度，可以提高建筑物的附加值，可以提高建筑的销量，可以获得更多的机会和资源。可以说，管理上的开放，使许多事情变得可能。

（2）在安全管理上，可以实现建筑物范围空间内的信息化管理。BIM设计的数据可以同GPS进行捆绑，为了提高数据的精度，可以在施工现场设置GPS的小型基站，这个基站可以为项目提供各种测量数据，也可以配合工程人员进行安全管理。这些数据可以按照安全要求进行分类，设置各个安全或危险区域和部位，然后让所有项目的参与人员携带用GPS无线连接的芯片，当有人进入危险区域时，芯片同项目管理的信息平台会同时报警，让这个人撤离危险区域。同时，根据需要，也可以在机械设备、工具或某些材料上安装芯片以满足安全管理的要求。这种管理方式可以减少安全人员数量，节约安全成本，减少安全检查的主观性，大幅度地提升安全管理水平。这些安全管理的方法，会在信息技术进步的影响下而不断改进，并发挥更大作用。

（3）进度管理变得简单准确。由于BIM设计的进度模拟功能，工程人员不但可以用BIM设计进行进度模拟，还能更准确地进行进度控制。在所有预制混凝土构件上粘贴电子信息芯片，无论是在构件运输时还是在构件安装时，都可以随时监测到该构件的位置。当这一构件就位安装完毕后，信息系统会自动识别，确认该构件安装完毕，同时形成数据，通过文字、表格或图像的方式表达出来，形成进度、技术、材料验收、成本管理等资料。

（4）质量管理的难度降低。首先，预制混凝土构件为工厂化生产，工艺水平较高，质量可控，这就从原材料上降低了质量管理的难度。而且，在预制混凝土构件的安装过程中，由于受到空间数据的约束，只有当它进入合格的范围内时，信息系统才会提示合格。安装过程中的控制变得简单可行，质量可控，标准提高。

（5）材料和财务管理效率的提高。当各类材料，尤其是预制混凝土构件进入施工现场，材料管理人员用扫描仪扫描材料上的信息芯片或者扫描目前通用的二维码后，项目管理的信息平台便会显示该材料是否进场，进场的数量、规格、尺寸等信息也会同时反映到信息平台中；并且可以将扫描到的信息同计划进行比较，按照计划自助生成什么材料已进场、进场的数量、什么材料未进场、数量不足等信息，供项目管理者进行使用。同时，这些数据也会在财务上体现出来，财务系统可以随时形成所有的财务报表，供项目管理人员使用。这种信息化的方式，无疑极大地提高了效率，节约了成本。

以上关于信息化在建筑项目管理上应用的管理模式本身就是一种创新，是以前没有的。但这只是一种可行的方式，无法同其他的模式进行对比。同时，这也是一种思路，为以后从事项目管理的人提供参考和支持。

4. 装配式建筑信息化管理的意义

信息化的优势在于高效，高效是降低成本、提高效益的主要手段。在建筑项目管理上应用信息技术，不仅节约高效，还可以降低管理难度，提高管理水平，并且可以有效地提高建筑业的节能环保水平。

通过对建筑项目管理进行信息化改造后，还可以降低外部人士参与建筑项目管理的难度，这样可以打破行业界限，破除技术壁垒，让管理回归本质，让其他领域运用的成熟可行的管理理论应用到建筑项目管理中来，让社会力量尽可能地参与进来并发挥能量，共同为建筑管理服务。

1.3 BIM工程制图

1.3.1 BIM技术基本原理

BIM模型可以在多个学科之间协调，BIM模型的信息在设计阶段、施工阶段、设备及管理阶段等项目的整个生命周期中都有应用，具有非常大的优越性。根据不同的需要，使用者可以将3D模型输出到其他的能量分析、结构分析、项目管理、预算等软件中。

1. 传统的二维图形原理

用二维图形元素来表达建筑结构是传统CAD技术的特点，如使用两条平行的直线表示一面墙，然后定义一个代表墙的图层，从而产生一个离散的二维或三维图形来反映建筑物。然而，与建筑物相关的一些重要的非几何信息和部分几何信息却无法体现在二维的图纸中，如构件的空间拓扑关系、进度安排、造价信息等。另外，一些建筑工程设计数据以点、线、面等几何图形表示，工程人员需要从图纸中提取，然后应用到项目管理的其他软件来得到造价、工程量、进度等各种信息。在上述传递过程中，这些信息的形式、内容均有可能发生改变，从而不能始终保持原有信息的真实性，这个信息传递的过程增加了错误发生的可能和管理工作量。

2. 传统的三维模型原理

在二维模型的基础上，传统的三维模型增加了一个维度，即高度（height），使建筑项目的可视化功能大大提高，但并不具备模型中各构件的信息整合与模型之间的协调功能。无论是二维模型还是三维模型，以CAD技术为例，它都是用线、图层、颜色等来表达模型的物理几何信息。在建设项目实际应用中，使用的这些图形就是所谓的哑图（Dumb Graphics），工程人员需要做大量烦琐的工作，且错误率极高。

3. BIM技术的基本原理及优势

BIM技术基本原理体现在BIM信息载体——参数化的多维BIM模型上。

BIM设计软件的信息化与智能化远远超越低水平的绘图工具，其操作对象是梁、柱、门、窗、墙体等建筑构件，而不再是简单的点、线、圆等几何对象。BIM设计软件建立和修改的是建筑构件组成的建筑整体而非单纯的点和线。一个建筑构件需要一系列参数来描述它的本质属性，而这些参数化信息构成了整个建筑本身的属性。如以一个墙为对象，它有墙的所有属性，包括一些几何信息（如长、宽、高），也含有一些物理信息（如材料、规格、造价、保温隔热性能等）。而在CAD制图软件中，一般是用两条平行线来表达墙体，线条之间没有任何的关联。

突破了传统二维图纸及三维模型难以正确同步修改的瓶颈是BIM参数化建模的优势所在，以实时、动态的多维（nD）模型大大减少了工程人员的工作量。

第一，BIM的3D模型为工作人员之间交流和修改提供了便利。就建筑设计师来说，他可以直接使用3D软件平台进行建筑设计，不再需要拿2D平面图与业主进行沟通交流，业主也不需要再费时费力去理解烦琐抽象的2D图纸。

第二，BIM三维模型的参数化信息内容不只包含建筑各构件的物理信息，还包含从建筑概念设计阶段到建筑运营维护阶段整个项目生命周期内的所有该建筑构件的实时、动态的参数化信息。

第三，BIM参数化模型将建筑、结构、设备等专业紧密地联系到一起，协调综合的作用在整体模型中得到了真正的发挥，且其同步化的功能更是锦上添花。综合建筑、结构和机械、电气、管道（Mechanical，Electrical and Plumbing，MEP）等各专业的模型形成了BIM整合参数化模型，其中各专业间的碰撞冲突能够在实际现场施工前的设计阶段得到最大限度的解决。同时，BIM参数化模型可以与建筑4D模型进度控制、五维（5D，下同）模型造价控制信息相关联，进行整体协调并便于管理项目实施。

第四，对于工程项目的设计变更，BIM的参数化功能会全面自动更新模型信息。对于设计变更的反应，BIM模型表现出高度的智能化与灵敏化，避免了二维图纸费时且易出错的问题。对于施工图设计中一个细节的变动，BIM软件将自动在平面、立面、剖面、三维视图界面及工期、图纸信息列表、预算等模型所有与此关联的部位做更新修改。

第五，BIM参数化模型可以建立一个多维模型，它能够将建筑的经济性、可持续性、舒适性提高到一个全新的层次。比如，运用4D（3D+时间）技术可以研究项目的施工进度安排、精益化施工、项目进程优化等方面，通常带来经济型和实效性；5D（4D+造价）技术在项目的整个生命周期内使预算实现实时和可操控性。nD将更多地满足业主的需求，如耗能模拟及分析、舒适度模拟及分析、绿色建筑节能模拟分析及可持续化分析等方面。

1.3.2　当今主流BIM设计软件及选择

1. BIM设计软件介绍

BIM设计软件一般分为BIM核心建模软件和基于BIM模型的分析软件两类。BIM核心建模软件包括建筑建模软件、结构建模软件、机电与其他各专业的设计软件（如Autodesk Revit系列、Graphisoft ArchiCAD、Design Master等）。基于BIM模型的分析软件包括结构分析软件（如PKPM、SAP2000等）、施工模拟软件（如MS Project、Navisworks等）、制作加工图的深化设计软件（如Tekla等）、概预算软件、设备管理软件及其他的可视化软件等。

当今主流BIM设计软件主要由Autodesk、Bentley、Graphisoft/Nemetschek AG、Gery Technology和Tekla等公司开发。具体如下：

（1）Autodesk公司的Autodesk Revit。2013版本后，建筑、结构、MEP在同一软件上，它的特点主要是：用户界面友好，容易学习使用；具备由第三方开发的海量对象，可以同时多用户操作；支持模型内置信息全局实时动态更新，提高准确性且避免重复性劳动；根据路径实现三维漫游，减少项目各参与方交流与协调时的不便；但不支持复杂的设计（如曲面等）。

（2）Bentley。建筑、结构和设备系列在工厂设计（石油、化工、电力、医药等）和基础设施（道路、桥梁、市政、水利等）领域有无可争辩的优势。

（3）Graphisoft/Nemetschek AG，由该公司开发的国内同行最熟悉的软件是ArchiCAD，它可以说是最早的一个具有市场影响力的BIM核心建模软件，但是由于其专业配套的功能与中国多专业一体的设计院体制不匹配，很难实现业务突破。

（4）Gery Technology公司的Digital Project以及Dassault公司的CATIA产品。其中CATIA是全球高端机械设计制造软件，在航空、航天、汽车等领域占据举足轻重的地位，且其建模能力、表现能力和信息管理能力，均比传统建筑类软件更具明显优势，但其与工程建设行业尚未能顺畅对接。Digital Project则是在CATIA基础上开发的一个专门面向工程建设行业的应用软件（二次开发软件），软件支持导入复杂的参数化模型构件并能够设计任何几何造型的模型，支持强大的应用程序接口等。但其用户界面复杂，使用投资高，设计的制图功能相对较弱。

（5）Tekla公司的Tekla Structure。其可对钢结构进行加工、安装的详细设计，生成施工图、材料表及支持预制混凝土构件的详细设计，支持设计大型结构，支持在同一工程项目中多个用户对模型并行操作。但是软件很难学习掌握，软件购买费用也高。

2．BIM设计软件的选择

目前常用BIM设计软件的数量已有几十个甚至上百个。根据各个软件的特点、市场占有率等，在软件选用上提出以下建议：

（1）单纯民用建筑（多专业）设计，可用Autodesk Revit。

（2）工业或市政基础设施设计，可用Bentley。

（3）建筑师事务所，可选择ArchiCAD、Revit或Bentley。

（4）所设计项目严重异形、购置预算又比较充裕的，可选用Digital Project或CATIA。

另外，充分考虑项目业主和项目组关联成员的相关要求，这也是在确定BIM技术路线时需要考虑的要素。

知识拓展

Autodesk Revit Structure简介

Autodesk Revit Structure是为"BIM"而设计的结构设计软件，也是BIM技术设计应用中使用最广泛的结构建模工具。它可以最大限度减少重复性的建模和绘图工作，以及不同专业人员协调沟通过程中所导致的错误。它有助于节省设计施工图的时间，同时提高二维图形文档的精确度，全面提高交付给客户的项目质量；能够从单一基础数据库提供所有的明细表、图纸、二维视图与三维视图，并能够随着项目的推动自动保持设计变更的一致。任何一处发生变更，所有相关位置就会随之更新且其所有的模型信息存储在一个协同数据库中，从而对信息的修订与更改会自动反映到整个结构模型，极大地减少了错误和疏漏。

实训项目　BIM模型的建立

根据图1.S.1，利用Revit软件新建一个模型。步骤如下：

【新建项目】

利用"样板文件"新建"项目文件"，名称改为"学号+姓名"（学号写全号）。

【添加及修改标高】

按图1.S.1修改标高和楼层名称，并生成对应的楼层平面。

【建立轴网】

按图1.S.1建立轴网。

【新建墙】

在1F平面上，选择"基本墙 普通砖-200mm"，居中，底部限制条件为1F，顶部约束为2F。按图1.S.1绘制墙体。

【布置门窗】

1．在1F平面上绘制门，其中双扇平开门1200mm×2100mm在①轴和②轴间的A墙段居中布置，装饰木门M0921距Ⓐ轴300mm。

2．在1F平面上绘制窗，选择C0915，底高度为900mm，布置位置均为墙段的正中。

【新建板】

在1F平面上选择"楼板 常规-200mm"，标高1F，自标高的底部偏移为0，绘制楼板。

【复制楼层并修改门窗】

1．将一楼的墙、板、窗、门复制到2F。注意此处不要复制门窗注释。

2．将二楼的双扇平开门1200mm×2100mm删除，在对应位置添加C0915，底高度为900mm，布置位置为墙段的正中。

【绘制屋顶】

在3F层，利用际线屋顶，选择"青灰色琉璃筒瓦"，自标高的底部偏移为0，坡度为22mm，悬挑值为800mm，沿外墙绘制图1.S.1中的屋顶。

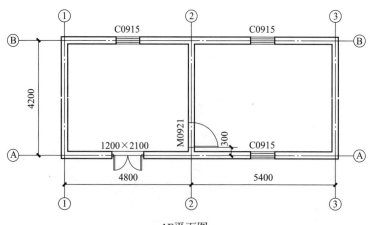

1F平面图

图1.S.1　实训项目图纸

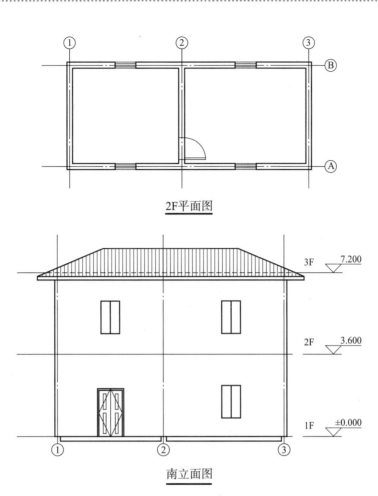

2F平面图

南立面图

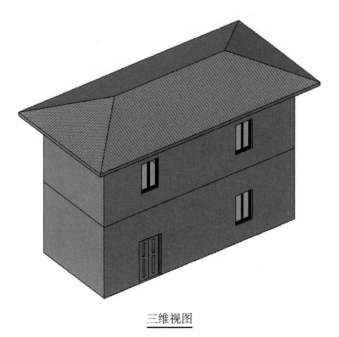

三维视图

图1.S.1　（续）

模块小结

随着信息化技术在建筑产业化过程中的广泛应用，信息化管理的优势逐渐彰显。装配式建筑作为建筑产业化的一种新型结构形式，推动着现代建筑产业化的快速发展。装配式建筑作为建筑产业化的一种新形式应运而生，而信息化、系列化、标准化是建筑产业化的内在技术需求，BIM技术的出现正是迎合了装配式建筑发展的技术需求。装配式建筑BIM模型的建立，使设计简单化，提高设计图纸的质量，减少图纸的错误率；使施工管理信息化，从而减少返工，缩短工期，节约成本；使建筑行业逐步向绿色低碳、低能耗、低污染和可持续发展的方向推进。

习 题

1. 结构的功能概括为（　　）。
   A. 强度、变形、稳定
   B. 实用、经济、美观
   C. 安全性、适用性、耐久性
   D. 承载力、正常使用

2. BIM技术的核心功能包括（　　）。
   A. 参数化建模
   B. 可视化模拟
   C. 自动化更新
   D. 关联性修改

3. BIM平台的搭建应满足的基本条件有（　　）。
   A. 三维模型建模与展示
   B. 支持协同工作
   C. 数据采集、加工
   D. 渲染

4. 装配式混凝土建筑的特点主要有（　　）。
   A. 工厂化生产效率高
   B. 节约资源
   C. 节约劳动力
   D. 绿色环保

5. BIM标准编制过程中主要利用的基础标准有（　　）。
   A. 项目验收标准
   B. BIM信息交付手册标准
   C. 数据模型表示标准
   D. 建筑信息标准

6. 用于门窗等洞口上部用以承受洞口上部荷载的梁是（　　）。
   A. 次梁
   B. 连梁
   C. 圈梁
   D. 过梁

7. 设计使用年限是设计规定的结构或结构构件（　　）。
   A. 使用寿命
   B. 耐久寿命
   C. 可按预定目的使用的时期
   D. 不需进行大修即可按其预定目的使用的时期

8. 坍落度所表示的混凝土的性质为（　　）。
   - A. 强度
   - B. 流动性
   - C. 保水性
   - D. 黏聚性

9. 对于砌体承重结构，在计算地基变形时，控制的变形特征是（　　）。
   - A. 沉降量
   - B. 倾斜
   - C. 局部倾斜
   - D. 沉降差

10. 砌体结构设计时，必须满足的要求有（　　）。
   - A. 满足承载力极限状态
   - B. 满足正常使用极限状态
   - C. 一般工业和民用建筑中的砌体构件，可靠性指标不低于3.2
   - D. 一般工业和民用建筑中的砌体构件，可靠性指标不低于3.7
   - E. 以上都对

11. 房屋建筑工程中，常用的有机隔热材料有（　　）。
   - A. 加气混凝土
   - B. 泡沫塑料
   - C. 软木及软木板
   - D. 石膏板
   - E. 蜂窝板

12. 屋顶设计必须满足（　　）等要求。
   - A. 坚固耐久
   - B. 防水排水
   - C. 保温隔热
   - D. 防止灰尘
   - E. 供人休闲

13. 下列选项中，（　　）不是Revit Architecture族的类型。
   - A. 系统族
   - B. 外部族
   - C. 可载入族
   - D. 内建族

14. 添加标高时，默认情况下（　　）。
   - A. "创建平面视图"处于选中状态
   - B. "平面视图类型"中天棚平面处于选中状态
   - C. "平面视图类型"中楼层平面处于选中状态
   - D. 以上说法均正确

15. 创建透视三维视图使用（　　）。
   - A. 工具栏上的默认三维视图的命令
   - B. 工具栏上的动态修改视图的命令
   - C. 视图设计栏的图纸视图命令
   - D. 视图设计栏的相机命令

16. Revit Architecture中创建墙的方式是（　　）。
   - A. 绘制
   - B. 拾取线
   - C. 拾取面
   - D. 以上说法都对

17. 要导入dwg格式的大样图，必须先建立（　　）。
   - A. 平面视图
   - B. 天棚视图
   - C. 图纸
   - D. 图纸视图

18. Revit Architecture的项目文件格式为（   ）。

    A．.rte   B．.rfa

    C．.rvt   D．.rve

19. 墙绘制完成后，选择墙图元，按Space键，则（   ）。

    A．修改墙的方向   B．旋转墙的角度

    C．移动墙的位置   D．延长墙的长度

习题答案

1．C	2．ABCD	3．ABC	4．ABCD	5．BCD	6．D
7．D	8．B	9．A	10．ABD	11．BCE	12．ABC
13．B	14．D	15．D	16．D	17．D	18．C
19．A					

模块 二 装配式建筑工程BIM管理系统集成

知识目标

1. 了解项目BIM实施目标。
2. 熟悉工程项目实施过程。
3. 了解项目施工阶段各要素信息管理、施工项目管理集成构架。

能力目标

1. 能够叙述进行各阶段BIM应用的大致方向和方法。
2. 能对一个项目进行BIM初步的规划。

知识导引

BIM是以三维数字技术为基础，通过统一的工业基础分类标准（Industry Foundation Classes，IFC）标准，集成建设工程项目各种相关信息的工程数据模型。BIM包含工程造价、进度安排、设备管理等多方面项目管理的潜能。根据BIM模型可以得知丰富的建筑信息，有利于优化施工流程，而且可以统筹管理材料、设备、劳动力等施工资源，提高项目整体的建造效率和建造质量。

BIM技术将整个工程全生命周期的所有信息和数据，创建成一个多维度结构化的数据库，这样几乎可以实现实时化计算处理、共享和应用这些数据，甚至可以实现基于互联网的报表数据和图形数据共享，为项目全过程精细化管理提供了数据支撑。

本模块主要介绍如何将BIM各个阶段、各个方面的职能在技术层面上实现以及如何通用链接，而对各个要素的管理只进行初步的介绍，在其他对应模块中对其进行更详细的介绍。

2.1 项目BIM实施目标

当我们做一件事情的时候，如果目标不同，我们的处理方法是否会不同？

引入BIM技术的时候，需要先制定目标，因为目标不同，所需要采用的BIM方案也会有所不同。目标可以是一个，也可以是多个。许多大型的项目会与专业的BIM规划团队协作，BIM规划团队要为项目确定BIM目标，这些BIM目标必须是具体的、可衡量的，以及能够促进建设项目的规划、设计、施工和运营成功进行的。

现实中，许多目标在某种程度上是相互矛盾的，比如要加快施工进度，工程造价和工程质量在某种程度上就会受到影响，工程造价一般会提高，对工程质量的监控往往会减弱。因此，需要制定一个明确的目标体系，将目标的重要程度（即优先级）和可变范围确定清楚。

比如某项目把施工进度放在第一位，必须在13个月内完工，在这个前提下，造价可比按普通进度施工高一点，但是也会制定一个造价的变动幅度，如不得超过10%。这个项目里，进度和造价都是实施目标，但是有侧重，有可变范围。在这个目标下，BIM设计的重点放在施工现场管理上，BIM应该延伸到施工阶段，而且设计施工方案时应以进度为主。反过来说，如果某个项目对进度、现场管理要求不高，那么可以只在设计和造价阶段实施BIM。

BIM目标从宏观上来说，可以划分为三个层面：技术应用层面、项目管理层面和企业管理层面，如表2.1.1所示。

表2.1.1　BIM目标划分表

层面	具体目标
技术应用层面	提升设计效率； 进行采光日照、能耗、场地分析； 进行方案虚拟分析； 提供精确的模型
项目管理层面	提升施工现场生产率； 减少现场冲突； 控制项目成本
企业管理层面	提高企业团队协作水平； 提高企业信息化管理水平； 提高企业生产率； 提高企业竞争力

总体来说，这三个层面的目标是基本一致的，但是也有冲突的时候。比如某企业需要大力推行BIM技术，但是在前面的几个试点项目实

施时，各种设施都需要新建新购，技术刚开展也必然有一些磨合，对这几个试点项目来说，成本、进度都可能存在一定的问题，那么在项目层面上，目标暂时是不受益的。但是对整个企业层面的目标和以后的项目来说，是有利于目标完成的。

工程项目实施过程

2.2.1　项目可行性研究阶段

想一想

在BIM技术出现以前，人们是通过什么方法来了解一个项目的方案的？这种方法有什么优缺点？

项目的规划决策阶段是选择和决定投资行动方案的过程，是对拟建项目的必要性和可行性进行技术经济论证，对不同建设方案进行技术经济比较及寻求最优投资方案的过程。

美国的HOK建筑师事务所总裁帕特里克·麦克利米提出过一张麦克利米曲线，该曲线反映了投资重点在不同阶段对造价的影响，如图2.2.1所示。

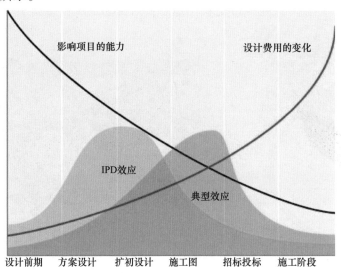

图2.2.1　麦克利米曲线

IPD即综合项目交付（Integrated Project Delivery）

图2.2.1清晰地表示，项目前期阶段的工作对成本、建筑物功能的影响是最大的。有关资料统计，在项目建设各阶段中，项目的规划决策阶段对工程造价的影响程度为70%～80%。决策阶段的失误，会导致投资风险失控，因而风险管理应从项目的决策阶段开始。

BIM技术能够使项目的可行性分析变得更具体、更可靠，使项目的决策更为科学合理。具体来说，BIM技术在项目可行性分析阶段可以在以下方面起到积极作用：

一是可以进行场地模拟。建筑在场地中的位置、方位对建筑起着非常重要的作用。比如：与前后建筑物的距离，会影响采光、通风；在整个小区的位置，会影响道路、绿化、公共设施的规划；建筑的朝向同样也会影响其采光和通风。传统的方式往往是设计者的简单分析，定性分析多，定量分析少。引入BIM技术后，通过数字建模，可对周围道路、绿化、建筑本身采光和通风进行模拟分析，使得场地分析更科学合理，能帮助业主找到最合适的场地布置（图2.2.2～图2.2.4）。

图2.2.2　某大酒店CFD数值模拟

CFD即计算流体动力（Computational Fluid Dynamics）

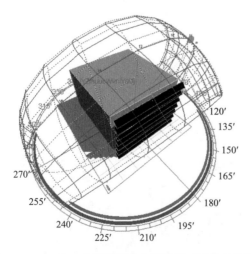

图2.2.3　Ecotect中的太阳轨迹分析示例（可动态分析）　　图2.2.4　某酒店场地规划模拟

Ecotect为Autodesk发行的一款建筑能耗分析软件

二是建筑体本身的方案模拟。在方案论证阶段，BIM可以通过对模型的建立使得方案的各个评价要素更直观、具体、量化，以帮助业主迅速找出最优方案。在这一阶段，为了节约成本和时间，建筑模型的建立往往不如设计阶段精细，但是它还是能够大致地表现出建筑物的外形、造价、运营等情况，从而让方案的选择更加合理，可降低决策风险。

2.2.2　项目设计阶段

　　同样是使用计算机进行设计，传统的 CAD 有什么缺点？为什么 CAD 的绘制成果难以运用到后期阶段？

由前面的麦克利米曲线可以得出，项目设计阶段对工程影响还是非常大的。长期以来，我国在设计阶段的投入始终得不到重视。在BIM技术应用以来，越来越多的实例表明，在项目的设计阶段采用BIM技术，对工程质量、建设周期、人力、物力、后期运营等方面都起着决定性作用。

在设计阶段应用BIM技术能起到如此重要的作用的原因在于以下几个方面：

（1）三维建模，容易发现设计错误。

传统图纸是通过CAD以二维形式设计出来的，有些工程在设计时其室内非墙下梁的顶标高超出了地面，如果审图不够细致，就不容易发现这个问题。而BIM技术采用的是三维建模，三维展示或者漫游一一展开，这些设计问题就变得非常直观，容易看出来。

在传统CAD绘图中，三维关系经常要通过看好几张图纸才能推断出来，加上设计中经常需要改动，就会出现改了平面忘了改立面，改了立面忘了改剖面的情况。而BIM技术的平面、立面、剖面等视图都是自动生成的，只要在绘图中更改构件属性位置信息，这些视图中的信息就会自动进行相应修正，大大减少了出图错误率。

（2）BIM技术能够使各专业协同设计，减少专业间的设计协调错误。

传统的设计是各个专业分别设计、审查，很多时候，各个专业的图纸在单独看的时候都没有问题，但到实际施工的时候问题会显现。比如，在布置管道的时候发现其需要穿过一根结构梁，而结构梁在这个地方不能被打断；单个看水暖电图纸都没问题，但放在一起布置就会发现空间不够，存在放不下的情况。

而BIM技术可以将各个专业设计的图纸融合到一个模型中，经过碰撞检查，就能很容易发现各专业之间的协调错误。

如图2.2.5所示，经过碰撞检查，显示管线在布置时高度不对，导致管线之间有相互穿通的情况，这就是典型的专业协作错误。

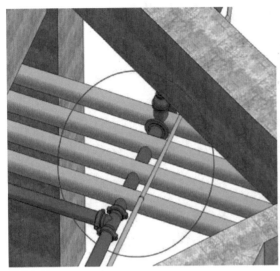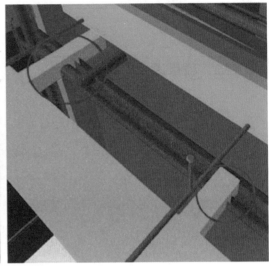

图2.2.5　管线碰撞图

前面两点都提到BIM技术可以减少设计错误，而这对工程后期的施工、造价、运营都起着非常重要的作用。如果上述问题在施工中、施工后才发现，会造成较大的损失，设计需要修改、做好的构件要拆毁、工期会延误。

如果在项目建成后、试运营时才发现错误，则损失更为惨重。例如，设计的梁底净高过低，运营时才发现汽车开过不去，这时候的损失可想而知。

美国斯坦福大学研究得出了以下结果：应用BIM技术能消除40%的预算外更改；使造价估算精确度在3%以内；最多可减少80%耗费在造价估算上的时间；通过冲突检测可节省多达10%的合同费用；可使项目工期缩短7%。

因此，即使在设计阶段应用BIM技术会增加费用，但是从生命周期的角度来看，也有利于整个项目的造价、质量、施工以及运营。实际上，BIM技术的推广也首先是从设计阶段开始的。

（3）设计阶段的模型可以应用到下一阶段，减少重复建模费用。

传统的CAD图纸是二维模型，因此，在出效果图时，出图人员会就外形建一个模型；在做造价时，造价工程师需要再就各个构件建一次模型；其他（如节能模拟等）情况也是需要建模的。

如果设计阶段就把模型建得比较完备，那么后期各阶段都是可以拿来应用的，比如出效果图时就附上材质和灯光效果；做造价时就把定额和价格信息附上。当然，后期各阶段能利用设计阶段的模型有一个前提，就是各软件之间有兼容性，比如造价软件要能打开设计软件的模型等。

　知识拓展

　　事实上，有很多模型必须重复画就是因为各软件之间互不兼容。要解决这一问题，就必须制定统一的建模标准。国际上通用的数据模型标准包括IFC标准、CIS/2标准和gbXML标准，而我国厂商多采用IFC标准。目前来看，标准的推广、软件的兼容还有待进一步研究与应用。

2.2.3　项目施工阶段

想一想

　　在布置施工场地、安排施工工艺的时候，简单的平面图纸布置与逼真的动画相比，除了更直观生动，还有什么深层次的差别？

施工阶段，BIM技术的应用主要体现在以下两大方面。

1. 4D施工过程模拟

利用BIM技术可以对施工中的场地布置、大型施工机械设施规划、施工中人流规划、形象施工进度管理等进行模拟（图2.2.6）。

图2.2.6　BIM技术对工地现场进行场地布置的模拟设计

知识拓展

> 运用BIM技术不仅可以进行4D施工过程模拟，还可以对施工机械、人流规划、进度等进行动态模拟展示。

施工模拟可以帮助更好地选择施工方案，具体流程见图2.2.7。

2. 帮助实现资源动态跟踪

利用BIM技术，在原有的三维模型基础上，通过增加施工进度计划（时间维度）、造价信息等其他维度的数据，建立施工资源管理系统，可以实时监控建筑工程施工资源的动态管理和成本。具体来说，可以动态查询和统计分析工程量、材料、人工、机械、资金等资源的已使用量、未来一个时间段的资源需求量，进而有助于把握工程的实施和进展，及时发现和解决施工资源与成本控制之间产生的矛盾和冲突，这样工程超预算有效减少，资源供给得到保障，施工项目管理水平和成本风险的控制能力就能够得到提高。

除了计算机模型外，在资源动态跟踪方面还需结合物联网技术。物联网，顾名思义，就是物物相连的互联网，把所有物品通过信息传感设备与互联网连接起来，进行信息交换，即物物相息，以实现智能化识别和管理。在物联网中，RFID（电子标签，如条形码、二维码）、条形码扫描仪、传感器、全球定位系统等数据采集设备是重要的技术。这些技术在建筑领域，尤其是在装配式建筑中有着非常重要的作用。

图2.2.8为一根预制柱上的二维码，可以通过手机扫描二维码获得该预制构件的各项信息，包括安装位置、构件类型、构件状态（如构件是在预制中，还是准备吊装前，或是已经安装好等），这样的方法可以加强预制构件的管理。尤其在大型项目中，构件种类繁多，能起到有序管理的作用。

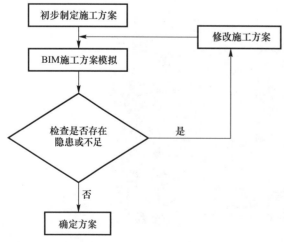

图2.2.7　BIM技术施工模拟流程

图2.2.8　预制构件二维码标识

2.2.4　项目运行维护阶段

工程完工了，之前利用BIM设计的模型以及各种信息是不是就没有作用了？

业主或物业管理部门往往不是工程方面的行家，他们对工程设计、施工方面不怎么了解或者了解得不够仔细。到了运行维护阶段，一旦项目出了问题，需要改进或者修理，就要查阅大量的图纸、资料，很费时间，而在找到这些资料后，由于图纸资料的抽象性，维护人员理解起来也往往很费时间。如果工程前期采用BIM技术，在工程交付使用后，能够把BIM模型和资料直接引入运行阶段，业主或物业管理部门就会很方便地了解工程的情况。这种便利在安装专业方面尤为突出。

建筑工程中的安装专业往往指的是建筑给水排水、采暖、通风与空调、建筑电气、智能建筑、建筑节能和电梯等。这些专业的管道设备布局复杂、相互交错，往往属于不同系统的图纸，查找和理解起来费时费力，而BIM模型能很好地解决这个问题。

在Revit中，就有专门的MEP模块来进行安装建模，图2.2.9是MEP系统建成的机电模型展示，在该模型中，水电、暖通、设备等不同系统构件的相互位置、构件属性均能以三维立体的形式展示，可以帮助维修人员快速了解系统的情况。

除了安装专业外，BIM技术还可以完成能耗管理、信息管理、空间管理、灾害管理等。在运营管理方面，也有专门的软件，比如清华大学研发的BIM-FIM系统，它包含集成交付平台、设备信息管理、维护维修管理、运维知识库及应急预案管理等主要工程模块。其中交付平台能将建筑、机电、设备及相关信息导入BIM-FIM系统，集成后交付给业主方；设备信息管理模块能满足运维人员查询设备信息、修改设备状态、追溯设备历史等需求；维护维修管理功能可以提醒业主何设备应于何时进行何种维护，或何种设备需要更换为何种型号的新设备等；运维知识库提供了操作规程、培训资料和模拟操作等知识，方便维修时快速查找；通过应急预案管理可以快速扫描和查询设备的详细信息，定位故障设备的上下游构件，指导应急管控，如图2.2.10～图2.2.12所示。

图2.2.9　MEP系统建成的机电模型展示

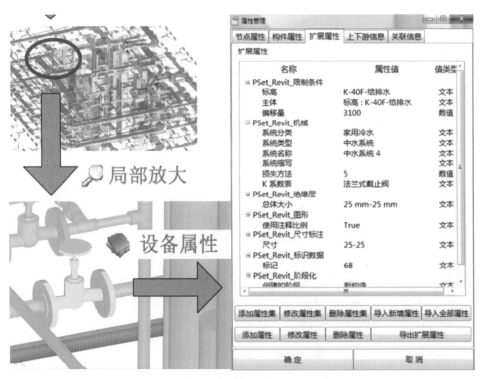

图2.2.10　BIM-FIM系统的查询统计展示功能演示图

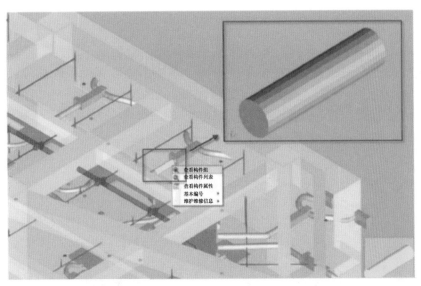

图2.2.11　BIM-FIM系统运维知识库查询演示图

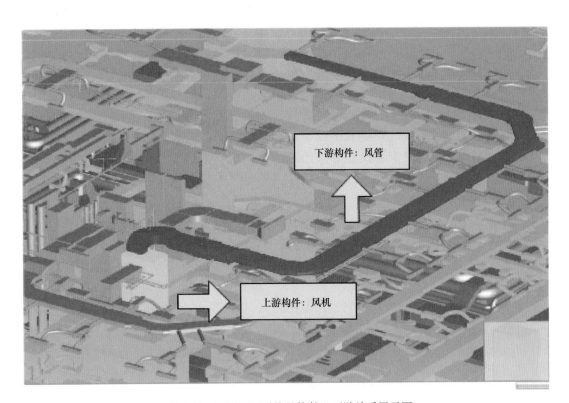

图2.2.12　BIM-FIM系统的构件上下游关系展示图

2.3 项目施工阶段各要素信息管理

BIM技术在应用时，会根据不同的需求采用不同的软件或者软件中的不同模块。在施工阶段有很多软件可以使用，比如广联达的BIM5D、AutoCAD公司的Navisworks等。下面介绍常见的一些要素管理是如何利用BIM实施的。

2.3.1 设备管理系统

设备也是重要的施工资源，但是与一般的建筑类的要素相比，其管理有什么要点、难点？ BIM 又是如何克服这些难点的呢？

在建设项目中，涉及大量建筑设备的使用，需要消耗大量的人力、物力和财力。目前建筑上使用的机械设备的数量、种类迅速增多，结构也越来越复杂，对设备管理水平和管理效率提出了更高的要求。而传统的建筑设备运行维护管理方法主要是通过纸质资料和二维图形来保存信息，进行设备管理。这种方法存在很多问题，如二维图形信息难理解，复杂耗时；信息分散，无法进行关联和更新，且容易遗漏和丢失，无法进行无损传递；查询信息时需要翻阅大量的资料和图纸，并且很难找到所需要设备的全套信息；导致在维修保养设备时往往因信息不全、图形复杂等原因而无法达到设备维护的及时性与完好性，影响维护保养质量，并且耗费大量时间资源和人力资源，管理效率较低。

通过BIM技术提供的信息、资源整合平台进行更好、更智能的信息储存、信息管理和信息传递，BIM模型可提供可视化的操作及展示平台，让运维管理对象和管理工作变得更加形象、直接，能够更加简单有效地进行建筑设备的运行维护可视化管理，更准确、更全面、更快速地掌握建筑设备管理信息，更简单、更形象、更直接地进行建筑设备管理，提高维护效率，降低总体维护成本。

目前，该阶段的研究和利用主要集中在以下几个方面：

一是信息模型标准、信息整合与共享，这些研究调查了设施管理所涉及的相关构件和应具备的管理功能，并建立了设施管理数据模型标准，在设备的运行维护管理方面进行了一定的扩展，能更好地指导设备运维管理。

二是研究建立了设备工程施工过程的建筑信息交换标准，希望将设计阶段和施工阶段的各种设备管理信息（包括楼层、房间等空间位置信息，设备、性能、系统及其关系等机电信息以及资源、用户等其他信息），统一制成标准的Excel文件交付给设备运维管理方。

三是在物业运维管理中，BIM设计和施工模型的整合与共享，结合虚拟现实技术，提供三维可视化的物业管理平台。将设备巡检记录及维护信息整合到BIM建筑设备模型中，指导设备管理人员确定不同设备维护维修任务的优先顺序，合理安排和下达维护维修计划与任务，有助于设备的运维管理。

2.3.2　材料管理系统

想一想

材料管理得好，项目的成本也会大大降低。那么材料管理可以从哪些方面入手？

建筑工程施工成本构成中，建筑材料成本所占比重最大，占工程总成本的60%～70%。材料管理工作是施工项目管理工作中的重要内容。通过对材料管理工作的不断加强，可以使施工企业更进一步加强和完善对材料的管理，从而避免浪费，节约费用，降低成本，使施工企业获取更多利润。

材料作为构成工程实体的生产要素，其管理的经济效益对整个建筑企业的经济效益影响极大。就建筑施工企业而言，材料管理工作的好坏体现在两方面：一是材料损耗；二是材料采购、库存管理。对企业资源进行控制和利用，更好地协调供求、提高资源配置效率已经逐渐成为施工企业重要的管理方向。而传统方法需要大量人力、物力对材料库存进行管理，效率低下，经常事倍功半。

利用BIM技术，建立三维模型、管理材料信息及时间信息，就可以获取施工阶段的材料信息，从而对整个施工过程的建筑材料进行有效管理。具体实施过程如下：

一是通过软件的材料管理库界面对当前工程的所有建筑材料进行管理，包括核对材料编号、材料分类、材料名称、材料进出库数量和时间、下一施工阶段所需材料量，随时查看材料情况，及时了解材料消耗、建材采购资金需求。

二是建立完善的构件信息。建筑的基本构件包括基础、墙、梁、板、柱、门窗、屋面等。将构件设置尺寸、标高、材料等属性绘制到图中，并把其所有信息保存到数据库，作为显示工具及人机交互的界面。

三是按时间进度进行各阶段的材料管理。设定施工进度情况，按时间点输入计划完成的建筑标高或建筑楼层数，设定各个施工阶段，便于查看、控制建筑材料的消耗情况。

现在许多软件都能提供材料的管理功能，比如广联达BIM5D软件中就有材料的管理模块。通过该模块，可以实现提报材料计划、材料需用计划复核、材料进场计划编制、分包单位限额领料、月/季末物资分析等功能（图2.3.1）。

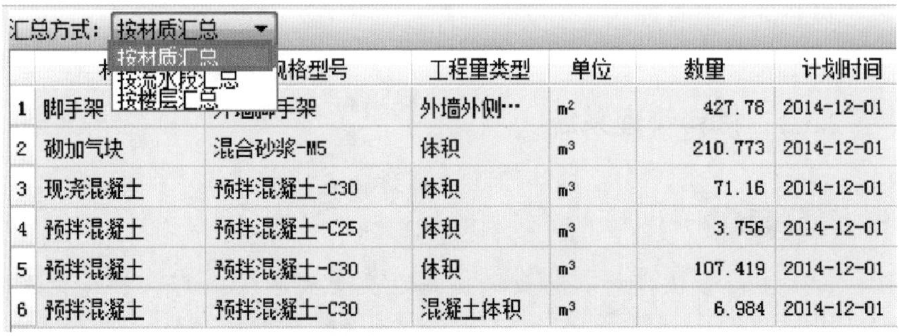

汇总方式：	按材质汇总 ▼					
	构件	规格型号	工程量类型	单位	数量	计划时间
1	脚手架	外墙脚手架	外墙外侧…	m²	427.78	2014-12-01
2	砌加气块	混合砂浆-M5	体积	m³	210.773	2014-12-01
3	现浇混凝土	预拌混凝土-C30	体积	m³	71.16	2014-12-01
4	预拌混凝土	预拌混凝土-C25	体积	m³	3.756	2014-12-01
5	预拌混凝土	预拌混凝土-C30	体积	m³	107.419	2014-12-01
6	预拌混凝土	预拌混凝土-C30	混凝土体积	m³	6.984	2014-12-01

图2.3.1　BIM5D软件中的材质汇总管理示意图

2.3.3　构件管理系统

一个构件涉及的数据很多，绘制起来非常麻烦，但是可以通过类似"族"的构件模型来快速建立构件。那么如何对这些"族"之类的构件模型进行管理？

BIM实施中会制作和引入大量的构件，这些构件经过加工处理，可形成能重复利用的构件资源。对构件资源库的合理管理和有效利用，可大幅度提高BIM的设计效率和设计质量，同时，也能降低BIM的实施成本。

建立构件库管理系统是合理管理和利用构件的有效手段，构件库管理系统应基于协同化的数据平台，能和BIM设计软件高度集成，提供高效、方便的数据检索、下载及增删改功能，并能够设置必要的管理和使用权限，实现按角色进行授权。

构件库管理系统具体来说包括以下两个方面：

（1）构件制作标准体系。建立构件制作标准体系和出入库审核制度，是构件管理系统有效运作的前提。构件制作标准体系至少应包括以下内容：构件的命名原则、属性信息、分类方法、内容深度、版本规则、审核流程等。

（2）构件库管理系统功能规划。为了便于对企业构件库进行标准化、统一化的管理，基于网络中心数据库对构件库管理系统进行开发，企业的标准化构件存储在网络中心数据库中，利用数据库实现构件图元信息和参数信息的存储。构件数据库分为中心库、项目库、本地库。中心库和项目库部署在服务器端，中心库是核心资源库，存放所有经过审核的构件图元及参数信息。项目库按项目对构件进行管理，提供特定项目用到构件的索引信息，便于项目构件的统一使用和快速检索部署。本地库随BIM设计软件部署在客户端，方便用户离线使用。

构件库管理系统按功能组织划分为以下几个模块：构件管理、权限管理、版本管理、项目库管理、查询布置、数据库管理、报表统计、批量升级、WEB接口。

2.3.4　进度管理系统

传统的进度管理方法有横道图、网络图等。那么BIM如何结合这些方法来进行进度管理？除了工期，进度还与什么因素相关？

进度管理系统主要是用软件来进行网络计划设置及管理的。网络计划技术为现代管理提供了科学的方法。这一技术主要用于制定规划、计划和实时控制，在缩短建设周期、提高工效、降低造价以及提高企业管理水平方面都能取得显著的效果。

市场主流的进度管理软件是Microsoft Project（或MSP，简称Project）是一个国际上享有盛誉的通用的项目管理工具软件，集成了许多成熟的项目管理现代理论和方法，可以帮助项目管理者实现时间、资源、成本的计划、控制（图2.3.2）。

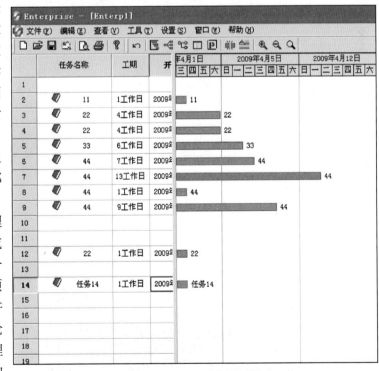

图2.3.2　Project进度界面展示

2.3.5　质量管理系统

想一想

　　质量问题一般出现在哪些环节？学完本节内容，对比书中的内容与自己的设想，分析有何不同。

　　质量安全管理是项目管理中的重要组成部分，QHSE管理体系中的QS（质量、安全）则更是重中之重，故现场的质量、安全问题的采集以及及时反馈、处理很重要。

　　在工程中，工程项目管理中质量安全责任人往往希望便捷采集现场质量安全问题，并实时快速反馈至相关处理责任人，通过BIM模型与现场质量、安全问题跟踪挂接。在此过程中，问题处理参与方可以及时交换意见、留存记录，并且各方可实时关注问题状态，跟踪问题进展。

　　BIM技术对工程质量的影响非常之大，它能为参与工程建设的各方提供便利，具体见表2.3.1。

表2.3.1　BIM对各方的影响要素

参建方	影响的方面	BIM的具体作用
设计方	减少设计错误	1. 使各专业工种协同作业得以实现； 2. 碰撞检测； 3. 人流模拟
施工方	1. 选择优良方案，减少方案错误； 2. 验收更准确快速	1. 可进行施工方案模拟，或者进行三维展示； 2. 结合三维激光扫描技术，可对项目与图纸的符合度进行快速检验
业主	加强理解	三维或四维展示，更直观
监理	有利于质量信息收集	汇集各方质量信息

图2.3.3　广联达BIM5D软件中的质量安全管理模块

　　质量管理并没有专门的软件系统，它的作用大部分是通过BIM的特点（可协同工作、可以进行三维展示），使设计、施工时减少错误。不过也有一些软件在这方面有相关的模块，如广联达BIM5D软件，它就专门设置了问题跟踪、进度跟踪的模块，方便各部门对施工中的质量进行跟踪和处理（图2.3.3）。

2.3.6　造价管理系统

我们学的哪些课程与 BIM 中的造价管理系统密切相关？

　　BIM在工程造价行业中的变革和应用，是现代建设工程造价信息化发展的必然趋势。工程造价行业的信息化经历了从手工绘图计算，到二维CAD绘图计算，再到现在正如火如荼的BIM应用的发展过程。整个工程造价行业，都向精细化、规范化和信息化的方向迅猛发展。

　　实际上，BIM在造价管理上的应用普及程度仅次于设计阶段。目前，我国的造价领域普遍采用了BIM技术进行造价信息管理。各专业（如安装、土建、钢筋、市政、路桥等）均有对应软件，从造价各阶段来说，工程量计算、计价、审计、招标投标等也有相应的软件可以使用，尤其是计价阶段，使用率已经达到一个相当高的水平。

　　当然，我国造价领域的BIM技术还只处于一个初级水平，具体体现为：上游的模型往往不能与造价软件兼容使用，或者设计阶段只是画了2D的模型，并没有进行3D的BIM建模，这样就需要造价人员自行建模；造价各阶段的资源也往往做不到共享；造价阶段的模型也往往投入不了下一阶段，如施工阶段，原因主要是软件的兼容性和行业的资源共享意识还不够。这样一来，BIM技术的优势就受到了很大限制。BIM在造价领域的应用还有待提高。

2.3.7　安全管理系统

三维模型如何与安全结合起来？可能的结合方面有哪些？

　　长期以来，对于BIM技术的贡献，人们首先感受到的是工程质量得到了很大提升，其次是在造价和进度上的影响等，而在BIM技术对安全的影响方面相对来说体会较少。这是因为BIM技术对安全的影响没那么直观，是间接的影响。具体来说，BIM技术会从以下几个方面进行质量管理：

　　（1）在设计阶段通过结构受力检测和碰撞检测提高设计的合理性，减少返工率，从而减少施工现场的伤亡。

　　（2）在施工阶段可以在施工前的虚拟环境中发现潜在的安全隐患并予以排除。BIM技术可以进行施工模拟，包括参照施工方案模拟施工、机械选择、场地布置等，这些模拟是4D的，可以基本体现施工过程。在模拟过程中，可以提前发现一些施工中可能出现的问题，比如人流可能出现冲突、机械可能发生碰撞等。一旦发现潜在问题，就可以想办法尽量避免，而这些都可以提高生产的安全性。

图2.3.4是某项目的BIM5D软件施工过程模拟，包括柱、梁、板的搭建，起重设施的运行等，如果在演示过程中发现碰撞等问题，可提前采取方案避免。

图2.3.4　BIM5D软件施工过程模拟图

（3）BIM技术可以进行4D展示，提高安全培训效果。调查结果显示，适宜的培训模式和培训课程内容都可以改善工人施工行为的安全性，但传统的培训模式比较枯燥也不容易理解。BIM具有信息完备性和可视化的特点，能帮助工人更快和更好地了解现场的工作环境，了解施工方案和机械设备的操作，BIM的可视化可以让工人更直观了解现场状况，准确地知道他们将从事哪些工作、哪些地方容易出现危险等，从而制定相应的安全工作策略，这对于一些复杂的现场施工，效果尤为显著。

2.3.8　资料管理系统

 想一想

　　日常的资料管理往往牵涉业主、设计、监理、施工等各个方面，传统的资料管理方法在多方参与的条件下存在什么局限？如何利用BIM进行资料的共享和快速管理？

　　BIM作为一个可以进行资料管理的系统，其主要特点及贡献点在于其能够协同操作。传统管理方法下，如果某一方的资料发生了变化，则该方将变更信息通知其他各方，这就使得信息有延迟，甚至出现某一方收不到信息的情况。同时，资料的来回传达也浪费了许多人力、物力。而BIM系统往往通过一个平台，让所有的资料在这个平台上得以共享，一方修改，所有的参与方都能及时看到并进行处理。

　　许多软件公司通过设立公共平台达到资料的协同管理，比如广联达公司的广联云系统。用户可以通过计算机甚至手机操作，达到及时共享资料的作用。

　　在资料管理中，常见的管理模块和作用如下：

　　（1）图纸管理。图纸管理模块为企事业单位搭建了海量文档集中存储的平台，实现图纸文档的统一存储与共享。企业在运营过程中会产生大量的图纸，包括设计报告以及最终的设计成品、合同、表述等资料，而且对资料在流程上的管理要求非常高，对ISO质量文件、日常办公等各种文档需要进行全生命周期的管理。图纸的管理是一个复杂的流程，图纸类型多样，管理要求与成本很高。企业在管理图纸方面往往需要投入大量的管理成本。基于BIM技术，把图纸文件与相应的模型进行有效的关联，可对图纸进行系统的管理，有效地解决了图纸管理难的问题（图2.3.5）。

图2.3.5　某软件中的图纸管理模块

　　（2）变更登记。设计变更是指设计单位依据建设单位要求调整设计内容，对原设计内容进行修改、完善、优化等。设计变更应以图纸或设计变更通知单的形式发出。改变有关工程的施工时间和顺序属于设计变更。变更有关工程价款的报告应由承包人提出。承包人在施工过程中更改施工组织设计的，应经业主和监理同意。在BIM系统中可记录变更的基本信息，以便查看变更历史，根据变更号查看模型及其他数据（图2.3.6）。

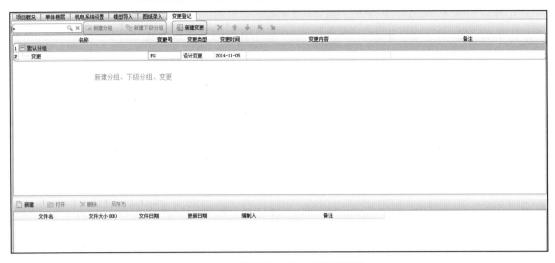

图2.3.6　某软件中的变更管理模块

（3）合约管理。合约管理包括合约规划和分包合同管理等。合约规划是指在确定项目目标成本后，对项目全生命周期内所发生的所有合同大类、金额进行预估，是实现成本控制的基础。合约规划也可以理解为以预估合同的方式对目标成本进行分级，将目标成本控制科目上的金额分解到具体的合同中。

查看分包合同费用，则可通过【合约规划】下拟分包合同挂接【分包合同维护】中创建的分包合同，查看到该分包合同的费用，并进行管理（图2.3.7）。

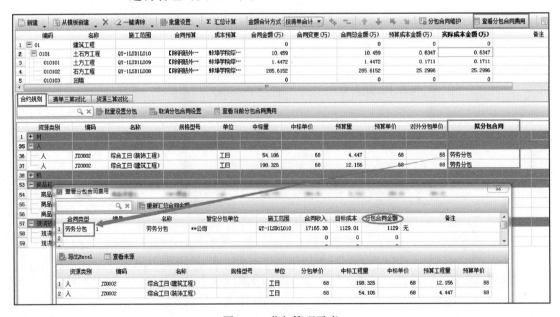

图2.3.7　分包管理示意

2.4 BIM模型与施工项目管理集成构架

2.4.1　构件的施工属性

想一想

一个构件（如柱）的哪些因素会影响施工？

作为BIM模型基本对象的构件，其深度应与模型深度等级的要求相一致。BIM设计较传统二维设计对硬件系统要求较高，构件创建中如细节表现过度，在项目模型中大量引入时会占用过多硬件资源，影响工作效率或增加设计单位的硬件投入；而构件深度不足，则影响项目模型的精度和信息含量。因此，应根据项目交付要求所规定的模型深度等级，确定构件创建或引入时的适宜深度，即构件深度应与模型深度等级相对应。

BIM模型深度应按不同专业划分，包括建筑、结构、机电专业的BIM模型深度。BIM模型深度应分为几何和非几何两个信息维度。

构件模型要应用于施工，也需要具有一定级别的数据。而施工阶段的构件需要附加的属性数据包括以下方面：

（1）几何属性。构件的几何属性指构件的具体尺寸、具体位置。构件的具体尺寸应便于构件的加工制作，比如预制构件的预制。具体位置则与安装位置有关系，同时，具体位置也是碰撞检查的重要因素。构件的具体尺寸和位置同样也会影响施工方案，比如体积大的、高的就需要起重机安装。

（2）材质属性。构件的材质也是影响施工的重要属性，不同材质的构件往往采用不同的施工方案。而且不同的材质会影响施工管理，比如材料的采购、工种的安排等。

（3）造价属性。造价属性与几何属性以及材质属性都有密切关系，造价主要考虑的是人材机的消耗量以及单价，这些就与材质和构件大小、施工方案等有关系，造价属性是一种综合性的属性。造价属性结合进度安排能为施工提供资源供给信息。

当然，构件还有一些属性会影响施工，比如性能参数信息、定位连接信息等。这就要根据具体工程的需要来判定产生。构件的制作不是简单的建模，要考虑后续的出图及信息的使用。

2.4.2　国家体育场工程案例

我国大型施工总承包工程普遍具有投资巨大、建筑造型复杂、施工难度大、工期紧等特征。面对日益复杂、多样的工程建设项目，传统的工程管理模式已经不能完全适应当前需求。BIM等信息技术的蓬勃发展为实现大型施工总承包工程精细化管理提供了新的途径和方法。BIM研究与应用一个比较早期的代表就是北京城建集团承建的国家体育场工程，该工程应用4D系统和多用户协同工作系统，并取得了良好的应用效果。

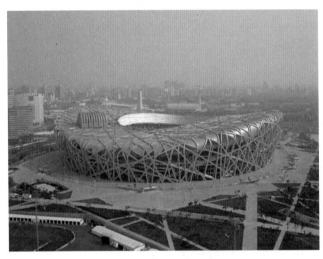

图2.4.1　国家体育场鸟瞰图

国家体育场（鸟巢）位于北京市奥林匹克公园中心区的南部，建筑总面积约25.8万m²，平面呈椭圆的马鞍形，东西向宽约296m，南北向长约333m，屋盖顶部高度为69m，屋顶及外框架为鸟巢状空间钢结构，屋面及立面构件间填充膜结构，场内为碗状预制混凝土看台，国家体育场的整体鸟瞰图如图2.4.1所示。

鸟巢引进了如下六大数字化建造技术。

1. 三维建模及仿真分析技术

鸟巢采用了复杂钢结构安装全过程模拟仿真分析技术。如钢结构总体安装方案比选：对整体提升、滑移、分段吊装高空组拼方案（简称散装法）和局部整体提升等方案进行了比选，最终采用78个支撑点的高空散装方案（图2.4.2）。

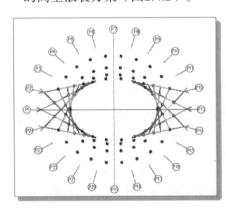

钢结构主结构安装流程

钢结构安装过程模拟

图2.4.2　钢结构安装方案模拟

此外，复杂钢结构安装全过程模拟仿真分析技术还应用在钢构件安装、钢结构整体合龙的模式施工、钢结构支撑卸载上。

2．工厂化加工技术

工厂化加工技术包括钢结构扭曲箱形构件多点无模成型加工技术，并且该工程首创多点成形和与计算机结合的无模成形工艺、加工设备、质量检验技术，高精度完成了扭曲构件加工（图2.4.3），完美实现了"鸟巢"建筑造型。

两侧板组装　　　　　　　　　　　　箱体内部加劲肋焊接

上面板组装　　　　　　　　　　　　弯扭构件的焊接

图2.4.3　扭曲构件制作检测

此外，还有预制看台板加工安装、机电设备安装、模块式移动草坪安装等（图2.4.4）。

3．机械化安装技术

采用计算机控制集群液压千斤顶同步卸载系统，实现了国内外首例6万m²、1.4万t钢结构支撑卸载。结构实测变形量（271mm）与理论计算变形量（286mm）误差仅为5.2%，远高于国内外大跨度工程实例误差水平，获国家级工法（图2.4.5）。

图2.4.4　模块式移动草坪安装

图2.4.5 计算机控制集群液压千斤顶同步卸载系统

4. 精密测控技术

研究应用GPS、三维激光扫描仪等先进测量仪器，建立了高精度的三维工程控制网，实施构件拼装、安装的快速空间放样定位和实时检测，实现了偏差的预控和提前消纳。该方法获2008年中国测绘地理信息学会科学技术奖一等奖（图2.4.6）。

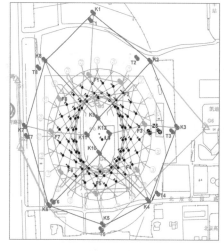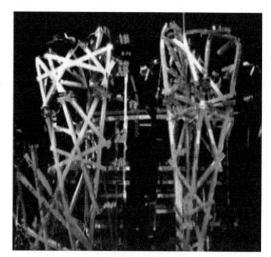

钢结构施工控制网　　　　　　　　　　钢结构安装三维激光扫描

图2.4.6 测绘扫描

5. 结构安全监测与健康监测技术

结构安全监测与健康监测技术是一种无损监测，可用于结构现场测试和评估，并能用于日常的维护监测。这种技术主要是使用多种传感器埋入或粘贴到结构表面进行监测，它通过传感器来测量结构的应力或温度等指标，并将数据发送到数据接收系统，再利用计算机进行计算和评估。国家体育场应用了该监测方法，图2.4.7即监测到的结构温度曲线。

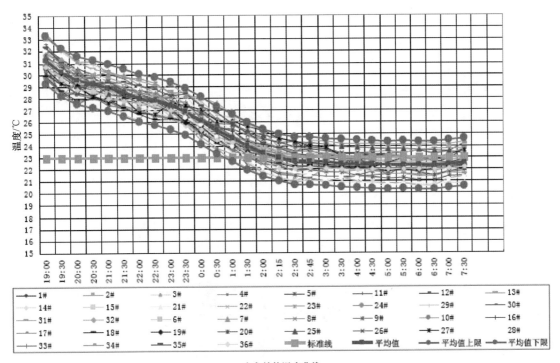

合龙结构温度曲线

图2.4.7　结构温度监控曲线

6. 信息化管理技术

（1）开发应用了管理信息平台，以实现总包商内部与分包商之间的办公自动化。

（2）建立了网络视频摄像系统，在工人生活区布设了红外安防系统。信息化管理细节如图2.4.8所示。

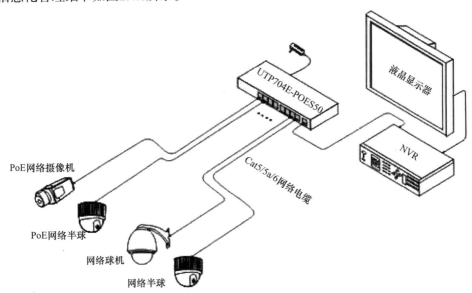

图2.4.8　信息化管理细节

（3）开发应用建筑工程多参与方协同工作网络平台系统——ePIMS+（图2.4.9），实现了文档、图档和视档等工程信息的协同管理。

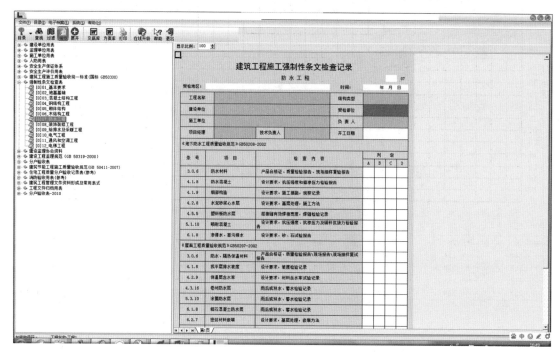

图2.4.9　资料管理平台

（4）开发应用了基于互联网的国家体育场钢结构工程管理信息系统，实现了钢结构工厂加工、运输、现场拼装和安装的协同工作，以及焊缝与焊工、焊接记录的100%可追溯。

（5）开发了具有自主知识产权的4D施工管理信息系统，实现了施工进度、资源、场地动态集成管理和可视化模拟。

 模块小结

　　本模块概述了BIM在装配式建筑工程全生命周期中的作用，同时分析了在各个要素方面的各种管理方式和系统的管理方法。

习　题

1. BIM目标从宏观上来说，可以划分为三个层面，分别是（　　　）。
   A. 技术应用层面
   B. 项目管理层面
   C. 企业管理层面
   D. 政府层面

2. 麦克利米曲线图显示（　　　）工作对成本、建筑物功能的影响是最大的。
   A. 项目前期
   B. 项目中期
   C. 项目后期
   D. 运营期

3. BIM技术在项目可行性分析阶段可以在（　　　）方面起到积极作用。
   A. 财务报表
   B. 场地模拟
   C. 建筑体本身的方案模拟
   D. 气候预测

4. 在设计阶段应用BIM技术能得到（　　　）作用。
   A. 三维建模，容易发现设计错误
   B. 非常直观
   C. BIM技术能够使各专业协同设计，减少专业间的设计协调错误
   D. 设计阶段的模型可以应用到下一阶段，减少重复建模费用

5. 国际上获得广泛认可的数据模型标准包括（　　　）。
   A. ISO
   B. IFC
   C. CIS/2
   D. gbXML

6. 施工阶段，BIM技术的应用主要体现在以下（　　　）方面。
   A. 4D施工过程模拟
   B. 帮助实现资源动态跟踪
   C. 构件制作
   D. 构件运输

7. 在物联网中，（　　　）等数据采集设备是实现物联网的重要技术。
   A. RFID
   B. 条形码扫描仪
   C. 传感器
   D. 全球定位系统

8. 建筑工程施工成本构成中，建筑材料成本所占比重最大，占工程总成本的（　　　）。
   A. 20%～30%
   B. 30%～40%
   C. 50%～60%
   D. 60%～70%

9. 市场主流的进度管理软件是（　　　）。
   A. Revit
   B. CAD
   C. Project
   D. BIM 5D

10. 实际上，BIM在造价上的应用普及程度仅次于（　　　）阶段。
    A. 设计
    B. 施工
    C. 运营
    D. 竣工

11. 在资料管理中，常见的模块和作用包括（　　　）。
    A. 图纸管理
    B. 变更登记
    C. 合约管理
    D. 材料管理

12. BIM模型深度应分为（　　　）两个信息维度。

    A. 深度   B. 宽度

    C. 几何   D. 非几何

13. 模型的细致程度，英文称作（   ）。

    A. FIB   B. LOD

    C. CAI   D. IBC

14. 作为BIM模型基本对象的构件，其深度应与模型深度等级的要求（   ）。

    A. 相一致   B. 更高

    C. 稍低   D. 没关系

15. 为实现建筑施工BIM模型创建和施工管理信息化，施工阶段BIM建模系统包括（   ）功能。

    A. 3D几何参数化建模

    B. 项目组织与浏览

    C. 施工信息的创建与扩展

    D. BIM模型的导入与导出

习题答案

1. ABC   2. A   3. BC   4. ACD   5. BCD   6. AB

7. ABCD   8. D   9. C   10. A   11. ABC   12. CD

13. B   14. A   15. ABCD

模块 三 预制件加工管理

知识目标

1. 了解预制装配式建筑常规拆分预制构件及其深化设计。
2. 掌握预制构件生产技术。
3. 了解BIM在建筑专业工程深化设计及数字化加工中的应用。

能力目标

1. 能够对预制装配式建筑进行预制构件拆分及其深化设计。
2. 能识别预制构件生产工艺系统，并掌握各生产工艺环节技术要点。

知识导引

　　建筑产业化是指运用现代化管理模式，通过标准化建筑设计以及模数化、工厂化的产品生产，实现建筑构部件的通用化和现场施工的装配化、机械化。发展建筑产业化是建筑生产方式从粗放型生产向集约型生产的根本转变，是产业现代化的必然途径和发展方向。

　　建筑产业化的核心是建筑生产工业化，建筑生产工业化的本质是生产标准化、生产过程机械化、建设管理规范化、建设过程集成化、技术生产科研一体化。

　　工业化建造方式是指采用标准化的构件，并用通用的大型工具（如定型钢板）进行生产和施工的方式。根据住宅构件生产地点的不同，工业化建造方式又可分为工厂化建造和现场建造两种。工厂化建造是指采用构配件定型生产的装配施工方式，即按照统一标准定型设计，在工厂内成批生产各种构件，然后运到工地，在现场以机械化的方法装配成房屋的施工方式，采用这种方式建造的住宅可以称为预制装配式住宅。现场建造是指直接在现场生产构件，生产的同时就组装起来，生产与装配过程合二为一，但是在整个过程中仍然采用工厂内通用的大型工具和生产管理标准。

　　与现浇混凝土相比，工厂化生产预制件有诸多优势：

　　（1）安全。对于建筑工人来说，工厂中相对稳定的工作环境比复杂的工地作业安全系数更高。

（2）质量。建筑构件的质量和工艺通过机械化生产能得到更好控制。

（3）速度。预制件尺寸及特性的标准化能显著加快安装速度和建筑工程进度。

（4）成本。与传统现场制模相比，工厂里的模具可以重复循环使用，综合成本更低；机械化生产对人工的需求更少，随着人工成本的不断升高，规模化生产的预制件成本优势会更加明显。

（5）环境。采用预制件的建筑工地现场作业量明显减少，粉尘污染、噪声污染显著降低。

预制件的劣势：

（1）工厂需要大面积堆场以及配套设备和工具，堆存成本高。

（2）需要经过专业培训的施工队伍配合安装。

（3）运输成本高且有风险，这决定了其市场辐射范围有限。

3.1 施工图纸深化设计

在以现浇方式生产和 CAD 设计为主的场合，施工图纸深化设计主要以各专业设计师人工核实平面、立面、剖面图的方式实现，那么在预制装配式建筑和 BIM 技术运用的场合，如何进行施工图纸深化设计呢？

3.1.1 概述

随着 BIM 技术的高速发展，BIM 在企业整体规划中的应用也日趋成熟，不仅从项目级上升到企业级，更从设计企业延伸发展至施工企业，基于 BIM 的深化设计和数字化加工在日益大型化、复杂化的建筑项目中显露出相对于传统深化设计、加工技术无可比拟的优越性。有别于传统的平面二维深化设计和加工技术，基于 BIM 的深化设计更能提高施工图的深度、效率及准确性；BIM 的数字化加工更是一个颠覆性的突破，基于 BIM 的预制加工技术、现场测绘放样技术、数字物流技术等的综合应用为数字化加工打下了坚实基础。

2008 年建造完工的国家游泳中心（水立方）、2010 年上海世界博览会中国馆、2012 年伦敦奥林匹克运动会主会馆、爱尔兰英杰华体育场、万科金色里程、天津港轨迹邮轮码头，以及被誉为"城市之巅"的上海中心大厦、上海迪士尼乐园、深圳平安金融中心大厦等标志性建筑项目均运用了 BIM 技术。

通过BIM技术平台使深化设计与数字化加工有效结合，可实现从深化设计到数字化加工的信息传递，打通深化设计、数字化加工建造等环节。通过BIM新型的应用技术，实现以创新的理念驱动行业间的交流与协作，充分发挥各自领域内的技术优势，创造建筑行业设计、安装新型产业链，开启全新施工模式。

3.1.2 构件编码系统

在没有BIM技术前，建筑行业的物流管控都是通过现场人为填写表格报告实现的，负责管理人员不能及时得到现场物流的实时情况，不仅无法验证运输、领料、安装信息的准确性，以及对之做出及时的控制管理，还会影响项目整体实施效率。

（1）人为登记主要依赖经验，或者简单的测量，但是很多构件的外形尺寸通过目测或测量很难准确分辨，错误在所难免。

（2）手工登记入库出库、发运打包信息，然后录入Excel，但是构件编号往往十分相似，容易出现构件登记错误。

（3）构件发运到项目现场时，同样会发生交接上的错误。

（4）构件打包，也是手工登记，信息在手工处理传输中的误差，构件包中到底有些什么构件，只有"拆开才知道"。

因此手工处理既不可靠，也是十分艰巨的工作，如何实现构件的唯一性追溯，将构件的数字信息在各个流程中传递成为建筑领域重点研究的问题。

二维码和RFID作为一种现代信息技术已经在国内很多领域得到广泛的应用。同样，在建筑行业的数字化加工运输中，也有大量的构件流转在生产、运输及安装过程中，如何了解它们的数量、所处的环节、成品质量等情况就是需要解决的问题。

二维码和RFID在项目建设的过程中主要是用于物流和参考存储的管理，如今结合BIM技术的运用，无疑对物流管理来说是一种较大的提高。其工作过程为：在数字化物流操作中可以给每个建筑构件都贴上一个二维码或者埋入RFID芯片，这个二维码或RFID芯片相当于每个构件自己的"身份证"，再利用手持设备以及芯片技术，在需要的时候用手持设备扫描二维码及芯片，可使其信息立即传送到计算机上进行相关操作。二维码或RFID芯片所包含的所有信息都应该被同步录入BIM模型，使BIM模型与编有二维码或含有RFID芯片的实际构件对应上，以便于随时跟踪构件的制作、运输和安装情况，也可以用来核算运输成本，同时也为建筑后期运营做好准备。构件从设计开始直到安装完成，数字化物流的作业指导模式可以随时传递它们的状态，从而达到把控构件的全生命周期的目的。

预制构件包含大量数据信息，如项目名称、项目区块、轴线位置、高程区域、结构类型、构件类型、生产日期、生产工厂、产品检验等，二维码可携带的信息量大，可不依赖数据库及通信网络而单独应用，工程技术人员只需要用图像扫描器就可以识读构件信息（图3.1.1）。

图3.1.1　二维码"身份证"

 知识拓展

　　二维码是用某种特定的几何图形按一定规律在平面（二维方向上）分布的黑白相间的图形记录数据符号信息的；在代码编制上巧妙地利用构成计算机内部逻辑基础的"0""1"比特流的概念，使用若干个与二进制相对应的几何形体来表示文字数值信息，通过图像输入设备或光电扫描设备自动识读以实现信息自动处理。它具有条码技术的一些共性：每种码制有其特定的字符集；每个字符占有一定的宽度；具有一定的校验功能等；同时还具有对不同行的信息自动识别功能及处理图形旋转变化等特点。

　　RFID是Radio Frequency Identification的缩写，即射频识别，俗称电子标签。RFID是一种非接触式的自动识别技术，它通过射频信号自动识别目标对象并获取相关数据，识别工作无须人工干预，可工作于各种恶劣环境。RFID技术可识别高速运动物体并可同时识别多个标签，操作快捷方便。RFID是一种简单的无线系统，只有两个基本器件，该系统用于控制、检测和跟踪物体（详细介绍参见模块7中7.2.1节"知识拓展"内容）。

　　RFID技术的基本工作原理：标签进入磁场后，接收解读器发出的射频信号，凭借感应电流所获得的能量发送出存储在芯片中的产品信息（Passive Tag，无源标签或被动标签），或者主动发送某一频率的信号（Active Tag，有源标签或主动标签）；解读器读取信息并解码后，送至中央信息系统进行有关数据处理。

3.1.3　预制构件模型建立

　　我们小时候都玩过搭积木造房子，想一想，实际生产中，我们可以把整体房屋如何拆分成零部件呢？搭积木造出的房子容易倒塌，实际生产中，我们如何把预制零部件组装成结实耐用的房屋呢？

3.1.3.1　基于BIM的深化设计

　　深化设计的类型可以分为专业性深化设计和综合性深化设计。专业性深化设计基于专业的BIM模型，主要涵盖土建结构、钢结构、幕墙、机电各专业、精装修的深化设计等。综合性深化设计基于综合的BIM模型，主要对各个专业深化设计初步成果进行校核、集成、协调、修正及优化，并形成综合平面图和综合剖面图。

　　传统设计沟通通过平面图交换意见，立体空间的想象需要靠设计者的知识及经验积累。即使在讨论阶段获得了共识，在实际执行时也经常会发现有认知不一的情形出现，施工完成后若不符合使用者需求，还需重新施工。有时还存在深化不够美观、需要重新深化施工的情况。通过BIM技术的引入，每个专业角色可以很容易通过模型来沟通，在虚拟现实中浏览空间设计，在立体空间中即可全角度呈现，快速明确地锁定症结点，通过软件可更有效地检查出视觉上的盲点。BIM模型在建筑项目中已经变成业务沟通的关键媒介，即使是不具备工程专业背景的人员，也能参与其中。工程团队各方均能给予较多正面的需求意见，减少设计变更次数。除了实时可视化的沟通，BIM模型的深化设计和即时数据集成，可获得一个最具时效性的、最为合理的虚拟建筑，因此导出的施工图可以帮助各专业施工有序合理的进行，提高施工安装成功率，进而减少人力、材料以及时间上的浪费，在一定程度上降低施工成本。

　　通过BIM的精确设计后，各专业间交错碰撞可大大降低，且各专业分包利用模型开展施工方案、施工顺序讨论，可以直观、清晰地发现施工中可能产生的问题，并给予提前解决，从而大量减少施工过程中的误会与纠纷，也为以后阶段的数字化加工、数字建造打下坚实基础。

3.1.3.2　组织架构与工作流程

　　深化设计在整个项目中处于衔接初步设计与现场施工的中间环节，通常可以分为两种情况：其一，深化设计由施工单位组织和负责，每一个项目部都有各自的深化设计团队；其二，施工单位将深化设计业务分包给专门的设计单位，由该单位进行专业的、综合性的深化设计及特色服务。这两种方式是目前国内较为普遍的运用模式，在各类项目的运用过程中各有特色。所以施工单位的深化设计需根据项目特点和企业自身情况选择合理的组织方案。

下面介绍一套通用组织方案和工作流程以供参考。

1. 组织架构

深化设计工作涉及诸多项目参与方，有建设单位、设计单位、顾问单位及承包单位等。由于BIM技术的应用，原项目的组织架构也发生相应变化，在总承包组织下增加了BIM项目总承包及相应专业BIM承包单位，如图3.1.2所示。

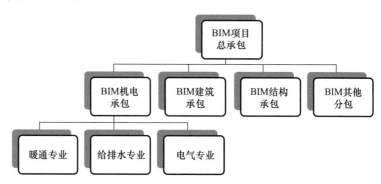

图3.1.2　BIM项目总承包组织架构

其中，各角色的职责分工如下：

（1）BIM项目总承包。BIM项目总承包单位应根据合同签署的要求对整个项目BIM深化设计工作负责，包括BIM实施导则、BIM技术标准的制定、BIM实施体系的组织管理，与各个参与方共同使用BIM进行施工信息协同，建立施工阶段的BIM模型辅助施工，并提供业主相应的BIM应用成果。同时，BIM项目总承包单位需要建立深化设计管理团队，整理管理和统筹协调深化设计的全部内容，包括负责将制定的深化设计实施方案递交、审批、执行；将签批的图纸在BIM模型中进行统一发布；监督各深化设计单位如期保质地完成深化设计；在BIM综合模型的基础上负责项目各个专业的深化设计；对总承包单位管理范围内各专业深化设计成果整合和审查；负责组织召开深化设计项目例会，协调解决深化设计过程中存在的各类问题。

（2）各专业承包单位。负责通过BIM模型进行综合性图纸的深化设计及协调；负责制定专业范围内的专业深化设计；负责制定专业范围内的专业深化设计成果的整合和审查；配合本专业与其他相关单位的深化设计工作。

（3）分包单位。负责本单位成本范围内的深化设计；服从总承包单位或其他承包单位的管理；配合本专业与其他相关单位的深化设计工作。

BIM项目总承包对深化设计的整体管理主要体现在组织、计划、技术等方面的统筹协调上，通过对分包单位BIM模型的控制和管理，实现对下属施工单位和分包商的集中管理，确保深化设计在整个项目中的协调性与统一性。由BIM项目总承包单位管理的BIM各专业承包单位和BIM分包单位根据各自所承包的专业辅助进行深化设计工作，并承担起全部技术责任。各专业BIM承包单位均需要为BIM项目总承包及其他相关单位提交最新版的BIM模型，特别是涉及不同专业互相交叉设计的时候，深化设计分工应服从总承包单位的协调安排。各专业主承包单位也应负责对专业内的深化设计进行技术统筹，应当注重采用BIM技术分析本工程与其他专业工程是否存在碰撞和冲突。各专业分包单位应服从主承包单位的技术统筹管理。

对于各承包企业而言，企业内部的组织架构及人力资源也是实现企业级BIM战略目标的重要保证。随着BIM技术的推广应用，各承包企业内部的组织架构、人力资源等方面也发生了变化。因此，需要在企业原有的组织架构和人力资源上，进行重新规划和调整。企业级BIM在各承包企业的应用也会像现有的二维设计一样，成为企业内部基本的设计技能，建立健全的BIM标准和制度，拥有完善的组织架构和人力资源，如图3.1.3所示。

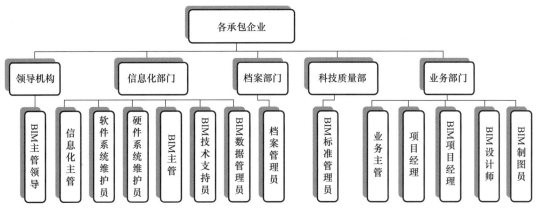

图3.1.3　各承包企业BIM组织架构图

2．工作流程

BIM技术在深化设计中的应用，不仅改变了企业内部的组织架构和人力资源配置，也相应改变了深化设计及项目的工作流程。BIM组织架构基于BIM的深化设计流程不能完全脱离现有的管理流程，但必须符合BIM技术的调整，特别是对于流程中的每一个环节涉及BIM的数据都要尽可能做详尽规定，故在现有深化设计流程基础上进行更改，以确保基于BIM的应用过程运转顺畅，有效提高工作效率和工作质量。

项目施工阶段BIM工作总流程将建设单位、设计单位、总承包单位、分包单位在深化设计及施工阶段的BIM模型信息工作流进行了很好的说明，也体现出总承包对BIM技术在深化设计和施工阶段的组织、规划、统筹和管理。各专业分包的深化模型皆由总承包进行BIM综合模型整体一体化的管理，各分包的专业施工方案也皆基于总承包对BIM实施方案制定的前提下进行确定并利用BIM模型进行深化图纸生成。同时，在施工的全过程中BIM模型参数化录入将越来越完善，为BIM模型交付和后期运维打下基础。

基于图3.1.3所示图形，BIM技术在整个项目中的运用情况与传统的深化设计相比，BIM技术下的深化设计更加侧重于信息的协同和交互，通过总承包单位的整体统筹和施工方案的确定，利用BIM技术在深化设计过程中解决各类碰撞检测及优化问题。各个专业承包单位根据BIM模型进行专业深化设计的同时，保证各专业间的实时协同交互，在模型中直接对碰撞实时调整，简化操作中的协调问题。模型实时调整，即时显现，充分体现了BIM技术下数据联动性的特点，通过BIM模型可根据需求生成各类综合平面图、剖面图及立面图，减少二维图纸绘制步骤。

3.1.3.3　预制构件模型建立深化设计要点

1. 模块化设计

采用建筑标准模数体系，实现构件经济高效的预制生产，方便装配式组装以及与传统作业部分的精密衔接，同时能规范相关配套建材、部品的规格品类，实现装修一体化（图3.1.4）。

标准化和模块化的设计模式，实现住宅空间支撑体系与填充体系的分离，形成开放式格局（图3.1.5），达到了空间可变及高度的适应性，实现"百年住宅"和全客户群覆盖。

2. BIM模块库

各种模块均以3M为基准模数，通过模块控制户型尺寸，便于户型组合及布局，BIM模块库可将模块像"搭积木"一样组装成建筑模型，为决策提供直观的依据（图3.1.6）。

3. BIM技术标准化设计与常规设计对比

通过BIM的标准化设计，大大减少预制构件种类，图3.1.7的左侧建筑，是采用BIM软件进行标准化设计的，其外墙构件只需10种；而右侧建筑，虽然面积与左侧相近，但外墙构件在30种以上。

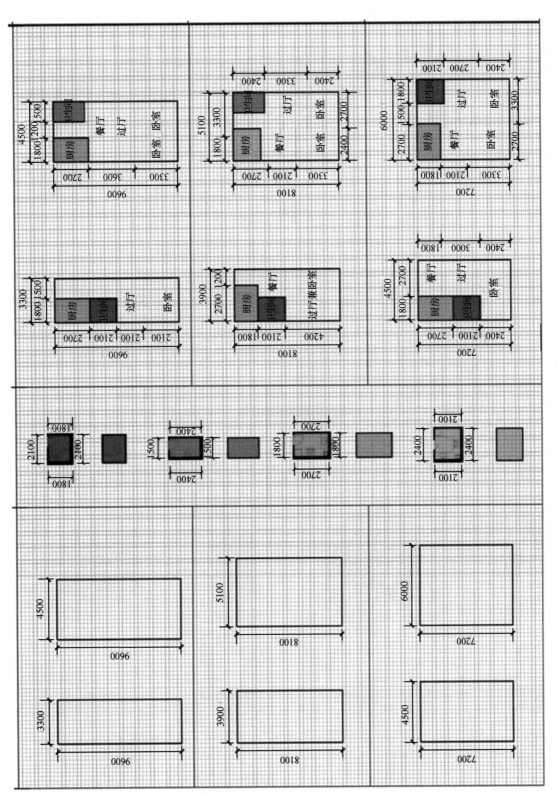

图3.1.4　建筑模数体系

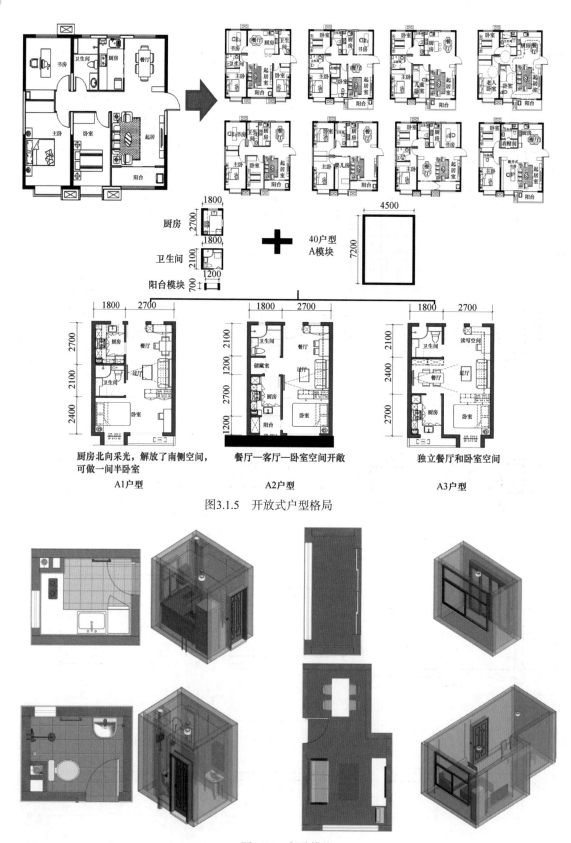

厨房

卫生间

阳台模块

40户型
A模块

厨房北向采光，解放了南侧空间，
可做一间半卧室

A1户型

餐厅—客厅—卧室空间开敞

A2户型

独立餐厅和卧室空间

A3户型

图3.1.5　开放式户型格局

图3.1.6　各种模块

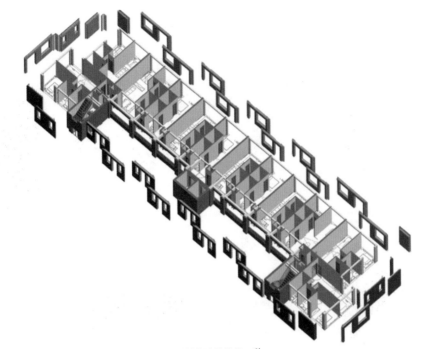

预制外墙构件共10种

其他同样面积户型公租房，预制外墙构件种类达到30种以上

图3.1.7　预制构件种类比较

4. 基于BIM技术的全专业协同设计

基于统一模型，可实现装配式建筑全专业协同设计及优化（图3.1.8）。

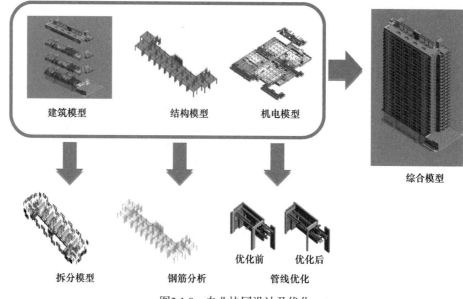

建筑模型　　　　结构模型　　　　机电模型　　　　综合模型

拆分模型　　　　钢筋分析　　　　优化前　优化后
　　　　　　　　　　　　　　　　管线优化

图3.1.8　专业协同设计及优化

5. BIM精细化设计

BIM精细化设计充分考虑管线及其他的相关预留预埋。构件精细化设计使得钢筋的浪费减到最少，并实现预制构件现场无差错安装（图3.1.9）。

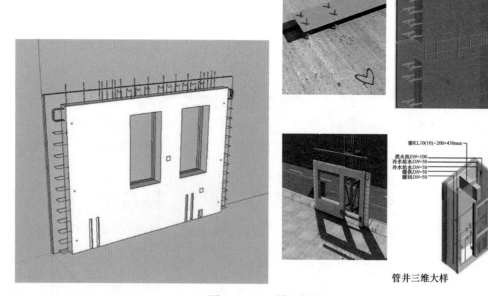

精细化钢筋、管井设计

管井三维大样

图3.1.9　BIM精细化设计

3.1.3.4　模型质量控制与成果交付

1. 模型质量控制

深化设计过程中BIM模型和深化图纸的质量对项目实施开展具有极大的影响，根据以往BIM应用的经验来看，当前主要存在BIM专业的错误建模、各专业BIM模型版本更新不同步、选用了错误或不恰当的软件进行BIM深化设计、BIM深化出图标准不统一等问题。如何通过有效的手段和方法对BIM深化设计进行质量控制和保证，实现在项目实施推进过程中BIM模型的准确利用和高效协同是各施工企业需要考量和思索的关键。为了保证BIM模型的正确性和全面性，各企业应制订质量实施和保证计划。

由于BIM的所有应用都是根据BIM模型数据实现的，所以对BIM模型数据的质量控制非常重要。质量控制的主要对象为BIM模型数据。质量控制根据时间可分为事前质量控制和质量验收两点。事前质量控制是指BIM产出物交付并应用于设计图纸生成和各种分析以前，由建立BIM模型数据的人员完成之前检查。事前质量控制的意义在于BIM产出物的生成以及各类分析应用对BIM模型数据要求非常精确，事前进行质量确认非常必要。BIM产出物交付时的事前质量核对报告书可以作为质量验收时的参考。质量验收是指交付BIM模型和深化图纸时由建设单位的质量管理者来执行验收。质量验收根据事前质量核对报告书，实事求是地确认BIM数据的质量，必要的时候可进行追加核对。根据质量验收结果，必要时执行修改补充，确定结果后验收终止。

针对上述两点可以从内部质量控制和外部质量控制两个方面入手，实现深化设计中BIM模型和图纸的质量控制。

（1）内部控制。内部控制是指通过企业内部的组织管理及相应标准流程的规范，对项目过程中应建立交付的BIM模型和图纸继续进行质量控制和管理。要实现企业内部的质量控制就需要建立完善的深化设计质量实施和保证计划。其目的在于为在整个项目团队中树立明确的目标，增强责任感和提高生产率，规范工作交流方式，明确人员职责和分工，控制项目成本、进度、范围和质量。在项目开展前，企业应确定内部的BIM深化设计组织管理计划，需与企业整体的BIM实施计划方向保持一致。通过组织架构调整、人力资源配置有效保证工作顺利开展。例如，在一个项目中，BIM深化团队至少应包括BIM项目经理、各相关专业BIM设计师、BIM制图员等。由BIM项目经理组织内部工作组成员的培训，指导BIM问题解决和故障排除的注意要点，通过定期的质量检查制度管理BIM的实施过程，通过定期的例会制度促进信息和数据的互换、冲突解决报告的编写，实现BIM模型的管理和维护。

上述这些内部质量控制手段和方法并不是凭空执行和操作的，BIM作为贯穿建筑项目全生命周期的信息模型，其重要性不言而喻。BIM标准的建立也是质量控制的重要一部分，BIM标准的制定将直接影响BIM的应用和实施，没有标准的BIM应用，将无法实现BIM的系统优势。对于基于BIM的深化设计，BIM标准的制定主要包括技术标准和管理标准，技术标准有BIM深化设计建模标准、BIM深化设计工作流程标准、BIM模型深度标准、图纸交付标准等。而管理标准则应包括外部资料的接收标准、数据记录与连接标准、文件存档标准、文件命名标准，以及软件选择与网络平台标准等。在建模之前，为了保证模型的进度和质量，BIM团队核心成员应对建模的方式、模型的管理控制、数据的共享交流等达成一致意见，包括以下几方面。

① 原点和参考点的设置：控制点的位置可设为（0,0,0）。

② 划分项目区域：把标准层的平面划分成多个区域。

③ 文件命名结构：对各个模型参与方统一文件命名规则。

④ 文件存放地址：确定一个FTP地址用来存放所有文件。

⑤ 文件的大小：确定整个项目过程中文件的大小规模。

⑥ 精度：在建模开始前统一好模型的精度和容许度。

⑦ 图层：统一模型各参与方使用的图层标准，如颜色、命名等。

⑧ 电子文件的更改：所有文件中更改过的地方都要做好标记等。

一旦制定了企业BIM标准，则在每一个设计审查、协调会议和设计过程中的重要节点，相应的模型和提交成果都应根据标准执行，以实现质量控制与保证。如BIM经理可负责检查模型和相关文件等是否符合BIM标准，主要包括以下内容。

① 直观检查：用漫游软件查看模型是否有多余的构件和设计意图是否被正确表现。

② 碰撞检查：用漫游软件和碰撞检查软件查看是否有构件之间的冲突。

③ 标准检查：用标准检查软件检查BIM模型和文件里的字体、标注、线型等是否符合相关BIM标准。

④ 构件验证：用验证软件检查模型是否有未定义的构件或被错误定义的构件。

（2）外部控制。外部控制是指与项目其他参与方的协调过程中对共享、接收、交付的BIM模型成果和BIM应用成果进行的质量检查控制。对于提交模型的质量和模型更新应有一个责任人，即每一个参与建模的项目参与方都应有个专门的人（可以称为模型经理）对模型进行管理和对模型负责。

模型经理作为BIM团队核心成员的一部分，主要负责的方面有：参与设计审核，参加各方协调会议，处理设计过程中随时出现的问题等；对于接收的BIM模型和图纸应对其设计、数据和模型进行质量控制检查；质量检查的结果以书面方式进行记录和提交，对于不合格的模型、图纸等交付物，应明确告知相应参与方予以修改，从而确保各专业施工承包企业基于BIM的深化设计工作高质、高效完成。

此外，高效实时的协作交流模式也可以降低数据传输过程中的错误率和减少时间差。对于项目不同角色及承包方团队之间的协作和交流可以采用如下方式：

① 电子交流。为了保证团队合作顺利开展，应建立一个所有项目成员之间的交流模式和规程。在项目的各个参与方负责人之间可以建立电子联系纽带，这个纽带或者说方式可以在云平台通过管理软件来建立、更新和存档。与项目有关的所有电子联系文件都应该被保存留作以后参考。文件管理规程也应在项目早期就设立和确定，包括文件夹的结构、访问权限、维护和文件的命名规则等。

② 会议交流。建立电子交流纽带的同时也应制定会议交流或视频会议的程序，通过会议交流可以明确提交各个BIM模型的计划和更新各个模型的计划；带电子图章的模型提交和审批计划；与IT有关的问题，如文件格式、文件命名和构件命名规则、文件结构、所用的软件以及软件之间的互用性；矛盾和问题的协调和解决方法等内容。

2. 成果交付

随着建筑全生命周期概念的引入，BIM的成果交付问题也日渐突出。BIM是一项贯穿设计、施工、运维的应用，其基于信息进行表达和传递的方式是BIM信息化工作的核心内容。在基于BIM技术的深化设计阶段，二维深化图纸的交付已经不能够满足整个建筑行业技术进步的要求，而是应该以BIM深化模型的交付为主，二维深化图纸、表单文档为辅的一套基于BIM技术应用平台下的成果交付体系。其目的是：为各个参与方之间提供精确完整动态的设计数据；提供多种优化、可行的施工模拟方案；提供各参与方深化、施工阶段不同专业间的综合协调情况；为业主后期运维开展提供完善的信息化模型；为相关二维深化图纸及表单文本交付提供相关联动依据。目前，我国的BIM技术处于起步初期，对于BIM成果交付并未做详尽探讨和研究。故本书就深化设计阶段从BIM交付物内容、成果交付深度、交付数据格式和交付安全四大方面进行论述。

（1）BIM深化设计交付物内容。BIM深化设计交付物是指在项目深化设计阶段的工作中，基于BIM的应用平台按照标准流程所产生的设计成果。它包括各个专业深化设计的BIM模型；基于BIM模型的综合协调方案；深化施工方案优化方案；可视化模拟三维BIM模型；由BIM三维模型所衍生出的二维平面图、立面图、剖面图，综合平面图，留洞预埋图等；有BIM模型生成的参数汇总、明细统计表格、碰撞报告及相关文档等。整个深化设计阶段成果的交付内容以BIM模型为核心内容，二维深化图纸及文表数据为辅。同时，交付的内容应该符合签署的BIM商业合同，按合同中要求的内容和深度进行交付。

（2）BIM成果交付深度。住房和城乡建设部于2016年颁布了最新的《建筑工程设计文件编制深度规定》。该规定对深化施工图设计阶段详尽描述了建筑、结构、电气、给排水、暖通等专业的交付内容及深度规范，这也是目前设计单位制定本企业设计深度规范的基本依据。BIM技术的应用并不是颠覆传统的交付深度，而是基于传统的深度规定制定出适合我国建筑行业发展的BIM成果交付深度规范。同时，该项规范也可作为项目各参与方在具体项目合同中交付条款的参考依据。根据不同的模型深度要求，目前国内应用较为普遍的建筑信息模型详细等级标准主要划分为LOD100、LOD200、LOD300、LOD400、LOD500五个级别。

（3）交付数据格式。深化设计阶段BIM模型交付主要是为了保证数据资源的完整性，实现模型在全生命周期的不同阶段高效使用。目前，普遍采用的BIM建模软件主流格式有Autodesk Revit的RVT、RFT、RFA等格式。同时，在浏览、查询、演示过程中较常采用的轻量化数据格式有NWD、NWC、DWF等。模型碰撞检测报告及相关文档交付一般采用Microsoft Office的DOCX格式或XLSX格式电子文件、纸质文件。

对于BIM模式下二维图纸生成，现阶段面临的问题是现有BIM软件中二维视图生成功能的本地化相对欠缺。随着BIM软件在二维视图方面功能的不断加强，BIM模型直接生成可交付的二维视图必然能够实现，BIM模型与现有二维制图标准将实现有效对接。对于现阶段BIM模式下二维视图的交付模式，应该根据BIM技术的优势与特点，制定出现阶段合理的BIM模式下二维视图的交付模式。实际上，目前国内部分设计院，已经尝试了经过与业主确认，通过部分调整二维制图标准，使由BIM模型导出的视图可以直接作为交付物。对于深化设计阶段，其设计成果主要用于施工阶段，并指导现场施工，最终设计交付图纸必须达到二维制图标准要求。因此，目前可行的工作模式为先依据BIM模型完成综合协调、错误检查等工作，对BIM模型进行设计修改，最后将二维视图导出到二维设计环境中进行图纸的后续处理。这样能够有效保证施工图纸达到二维制图标准要求，同时也能降低在BIM环境中处理图纸的大量工作。

（4）交付安全。工程建设项目需要在合同中对工程项目建设过程中形成的知识产权的归属问题进行明确和规定，结合业主、设计、施工三方面确保交付物的安全性。对于采用BIM技术完成的工程建设项目，知识产权归属问题显得更为突出。所以，在深化设计阶段的BIM模型交付过程中应明确BIM项目中涉及的知识产权归属，包括项目交付物，设计过程文件，项目进展形成的专利、发明等。

知识拓展

表3.1.1为构件深化设计所用软件表。

表3.1.1　构件深化设计所用软件表

序号	名称	功能	用途
1	XSTEEL	建模绘图软件	建模绘图、详图
2	AutoCAD	绘图软件	绘图
3	MTSTool	节点设计软件	节点计算
4	SAP2000	结构设计软件	结构分析
5	ANSYS	结构设计软件	结构分析

预制构件深化设计尚未出台国家标准，部分省市出台了部分内容的地方标准（试用），本模块提出的深化设计技术知识主要参考《装配式剪力墙结构深化设计、构件制作与施工安装技术指南》。

3.2　预制件工厂生产管理系统

对于拆分设计好的预制构件图纸，如何转化为实物？如何组装成房屋建筑？是边生产边组装，还是先生产后组装？能实现全自动化吗？

3.2.1　基于BIM的数字化加工

目前国内建筑施工企业构件的生产大多采用传统的技术，许多建筑构件以传统的二维CAD加工图为基础，设计师根据CAD模型手工画出或用一些详图软件画出加工详图，这在建筑项目日益发展的今天，是一项工作量非常巨大的工作。为保证制造环节的顺利进行，加工详图设计师必须认真检查每一张原图纸，以确保加工详图与原设计图的一致性；再加上设计深度、生产制造、物流配送等流转环节，出错概率很大。也正是因为这样，各行各业在信息化蓬勃发展的今天，生产效率不但没有提高，反而在持续下滑。

BIM是建筑信息化发展的产物，能贯穿建筑全生命周期，保证建筑信息的延续性，也包括从深化设计到数字化加工的信息传递。基于BIM的数字化加工将包含在BIM模型里的构件信息准确地、不遗漏地传递给构件加工单位进行构件加工，这个信息传递方式可以采用直接以BIM模型传递，或者BIM模型加上二维加工详图的方式，由于数据的准确性和不遗漏性，BIM模型的应用不仅解决了信息创建、管理与传递的问题，而且BIM模型、三维图纸、装配模拟、加工制造、运输、存放、测绘、安装的全程跟踪等手段为数字化建筑奠定了坚实的基础。所以，基于BIM的数字化加工制造技术是一项能够帮助施工单位实现高质量、高效率安装完美结合的技术。通过发挥更多的BIM数字化的优势，基于BIM的数字化加工制造技术将大大提高建筑施工的生产效率，推动建筑行业的快速发展。

1. 数字化加工前的准备

建筑行业也可以采用BIM模型与数字化建造系统的结合来实现建筑施工流程的自动化，尽管建筑不能像汽车一样在加工好后整体发送给业主，但建筑中的许多构件的确可以预先在加工厂加工，然后运到建筑施工现场进行安装施工（如门窗、预制混凝土构件和钢结构、机电管道等）。数字化加工可以自动完成建筑物构件的预制，降低建造误差，大幅度提高构件制造的生产率，从而提高整个建筑建造的生产率。

（1）数字化加工首要解决问题。

① 加工构件的几何形状及组成材料的数字化表达。

② 加工过程信息的数字化描述。

③ 加工信息的获取、存储、传递与交换。

④ 施工与建造过程的全面数字化控制。

BIM技术的应用能很好地解决上述这些问题，要实现数字化加工，首先必须要通过数字化设计建立BIM模型，BIM模型能为数字化加工提供详尽的数据信息，基于BIM的深化设计模型是数字化加工开展的基本保证，在完成BIM深化后的模型基础上，要确保数字化加工顺利有效进行，还有一些注意要点需在数字化加工前进行准备。

（2）数字化加工准备的注意要点。

① 深化设计方、加工工厂方、施工方图纸会审，检查模型和深化设计图纸中的错漏碰缺，根据各自的实际情况互提要求和条件，确定

加工范围和深度，有无需要注意的特殊部位和复杂部位，并讨论复杂部位的加工方案，选择加工方式、加工工艺和加工设备，施工方提出现场施工和安装可行性要求。

② 根据三方会议讨论的结果和提交的条件，把要加工的构件分类。

③ 确定数字化加工图纸的工作量、人力投入。

④ 根据交图时间确定各阶段任务、时间进度。

⑤ 制定制图标准，确定成果交付形式和深度。

⑥ 文件归档。

待数字化加工方案确定后，需要对BIM模型进行转换。BIM模型中所蕴含的信息内容很丰富，不仅能表现出深化设计意图，还能解决工程里的许多问题，但如果要进行数字化加工，就需要把BIM深化设计模型转换成数字化加工模型，加工模型比设计模型更详细，但去掉了一些数字化加工不需要的信息。

（3）BIM模型转换为数字化加工模型的步骤。

① 需要在原深化设计模型中增加许多详细的信息（如一些组装和连接部位的详图），同时根据各方要求（加工设备和工艺要求、现场施工要求等）对原模型进行一些必要的修改。

② 通过相应的软件把模型里数字化加工需要的且加工设备能接受的信息隔离出来，传送给加工设备，并进行必要的数据转换、机械设计以及各类标注等工作，实现把BIM深化设计模型转换成预制加工设计图纸，与模型配合指导工厂生产加工。

（4）BIM数字化加工模型的注意事项。

① 要考虑到精度和容许误差。对于数字化加工而言，其加工精度是很高的，由于材料的厚度和刚度有时候会有小的变动，组装也会有累积误差，还有一些比较复杂的因素（如切割、挠度等）会影响构件的最后尺寸，在设计的时候应考虑到一些容许变动。

② 选择适当的设计深度。数字化加工模型不要太简单也不要过于详细。太详细就会浪费时间，拖延工程进度；太简单、不够详细就会错过一些提前发现问题的机会，甚至会在将来造成更大的问题。模型里包含的核心信息越多，越有利于与别的专业的协调，越有利于提前发现问题，越有利于数字化加工。所以，在加工前最好预先向加工厂商的工程师了解加工工艺过程及如何利用数字化加工模型进行加工，然后选择各阶段适当的深度标准，指导一个设计深度计划。

③ 处理好多个应用软件之间数据的兼容性。由于是跨行业的数据传递，涉及的专业软件和设备比较多，必然会存在不同软件之间的数据格式不同的问题，为了保证数据传递与共享的流畅和减少信息丢失，应事先考虑并解决好数据兼容的问题。

基于BIM数字化加工的优点不言而喻，但在使用该项技术的同时必须认识到数字化加工并不是面面俱到的，比如，在构件非常特殊，或者构件过于复杂时，利用数字化加工则会显得费时费力，凸显不出其独特优势。在大量加工重复构件时，数字化加工才能带来可观的经济利益，实现材料采购优化、材料浪费减少和加工时间的节约。不在现场加工构件的工作方式能减少现场与其他施工人员和设备的冲突干扰，并能解决现场加工场地不足的问题；另外，由于构件已提前加工制作好，能在需要的时候及时送到现场，不提前也不拖后，可加快构件的放置与安装。同时，基于BIM技术的数字化加工大大减少了因错误理解设计意图或与设计师交流不及时导致的加工错误。而且，工厂的加工环境和加工设备都比现场要好得多，工厂加工的构件质量也势必比现场加工的构件质量更有保障。

2. 加工过程的数字化复核

现场加工完成的成品由于温度、变形、焊接、矫正等产生的残余应变，会使现场安装产生误差，故在构件加工完成后，要对构件进行质量检查复核。传统的方法是采取现场预拼装，检验构件是否合格，复核的过程主要是通过手工的方法进行数据采集，一些大型构件往往存在着检验数据采集存有误差的问题。数字化复核技术的应用不仅能在加工过程中利用数字化设备对构件进行测量，如激光、数码相机、3D扫描仪、全站仪等，对构件进行实时、在线、100%检测，形成坐标数据，并将此坐标数据输入计算机转变为数据模型，在计算机中进行虚拟预拼装以检验构件是否合格，还能返回BIM施工模型中进行比对，判断其误差余量能否被接受，是否需要设置相关调整预留段以消除误差，或对于超出误差接受范围之外的构件进行重新加工。数字化加工过程的复核不仅采用了先进的数字化设备，还结合了BIM三维模型，实现了模型与加工过程管控中协同，实现数据之间的交互和反馈。在进行数字化复核的过程中需要注意的要点有：

（1）测量工具的选择。测量工具的选择，要根据工程实际情况（如成本、工期、复杂性等），不仅要考虑测量精度的问题，还要考虑测量速度的因素。如3D扫描仪具有进度快当精度低的特点；而全站仪则具有精度高、进度慢的特点。

（2）数字化复核软件的选择。扫描完成后需要把数据从扫描仪传送到计算机里，这就需要选择合适的软件，这个软件要能读取扫描仪的数据格式并转换成能够使用的数据格式，实现与测量工具的无缝对接。另外，这个软件还需要能与BIM模型软件兼容，在基于BIM的三维软件中有效进行构件虚拟预拼装。

（3）预拼装方案的确定。要根据各个专业的特性对构件的体积、重量、施工机械的能力拟订预拼装方案。在进行数字化复核的时候，预拼装的条件应做到与现场实际拼装条件相符。

3.2.2　预制构件的数字化生产

（1）在构件生产的同时，将产品的数字信息编译成二维码，并打印成标签（图3.2.1）。

（2）构件二维码标签中记录了构件信息，包括所属项目编号、所属项目名称、唯一识别码、构件编号、构件流水号、构件名称、主截面、外形尺寸、构件单重等信息。

打包二维码标签中记录了包的信息，包括所属项目批次、所属项目名称、包号、包中的构件编号、构件流水号、构件名称、主截面、外形尺寸、构件单重等信息（图3.2.2）。

图3.2.1　打印标签

项目名称	印尼棉兰电厂
构件编号	01-05B-107
主截面	HN450x200x9x14
构件单重	622 (kg)

批　次	1P-2
构件名称	次梁
构件流水	01-05B-107-1(1)
外形尺寸(mm)	450x200x7920
数量	1.00

合同号: SGSGMHTDCG[2015]62　项目名称: 绍兴换流站　　　　包号: 1

构件名称	构件编号	构件数量	构件单重/kg	主截面/mm	外形尺寸/mm
柱	YL-GZ-7-3	1.00	429.700	785X520X4910	785X520X4910
合计		1	429.7		

图3.2.2　打包二维码

（3）预制构件检验合格后，在其表面显著位置粘贴二维码（图3.2.3和图3.2.4）。

图3.2.3　粘贴二维码　　　　　　　　图3.2.4　贴有二维码的构件

（4）二维码信息既可以用专用的扫描设备，也可以用手机等进行扫描。因此，任何工作过程中的工程技术人员只需扫一扫二维码即可获知该构件的信息（图3.2.5）。

图3.2.5　扫描设备和手机扫描

二维码的作用如下：

① 实现了构件从入库、打包、发运、码头签收到现场安装的追溯。

② 实现构件清单数量、入库数量、打包数量、出厂数量、到码头数量与到现场数量的对比，让工作人员对构件所属状态一目了然。

3.2.3　预制构件生产工艺

预制构件生产工艺主要包括以下内容：自动化生产线车间工艺设计、固定模台车间工艺设计、搅拌站车间工艺设计、钢筋加工车间工艺设计、冲洗修补缓存区设计、车间内部人流物流工艺设计。

3.2.4 生产过程管理

以预制混凝土构件生产为例。

构件制作前应审核预制构件深化设计图纸，并根据构件深化设计图纸进行模具设计，影响构件性能的变更修改应由原施工图设计单位确认。

预制构件制作前，应根据构件特点编制生产方案，明确各阶段质量控制要点，具体内容包括生产计划及生产工艺、模具计划及模具方案、技术质量控制措施、成品存放、保护及运输方案等内容。必要时应进行预制构件脱模、吊运、存放、翻转及运输等相关内容的承载力、裂缝和变形验算。

预制混凝土构件生产制作需要根据预制构件形状及数量选择移动式模台或固定式模台。移动式模台生产方式充分利用机械化设备（如清扫机、喷油机、布料机、码垛机等），代替人工完成构件生产，最终在立体养护窑里养护构件，所以生产效率比较高。由于立体养护窑受厂房高度限制，而且要结合生产节拍留有足够多的养护仓位，因此对构件厚度会有限制。在满足上述条件下，移动式模台生产的预制构件厚度最大为500mm。固定式模台生产方式与传统预制构件生产没有本质区别，各工序主要依靠手工操作，生产效率相对较低。但是固定式模台生产方式对构件种类没有限制，可以生产所有类型的构件。

3.2.4.1 生产工艺流程图

预制构件的产品种类有预制外墙板、内墙板、叠合板、楼梯板、阳台板、梁和柱等。无论哪种形式的预制构件，其生产主流程基本相同，包括模具清扫与组装、钢筋加工安装及预埋件埋设、混凝土浇筑及表面处理、养护、脱模、储存、标识、运输（图3.2.6）。

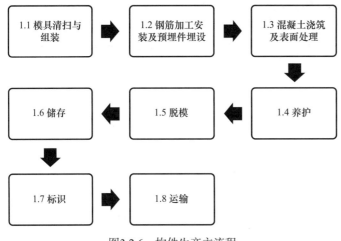

图3.2.6 构件生产主流程

3.2.4.2 生产前准备

（1）原材料、半成品和成品进厂时，应对其规格、型号、外观和质量证明文件进行检查，需要进行复检试验的在复检结果合格后方可使用。

（2）混凝土原材料应按品种、数量分别存放，并应符合下列规定：

① 水泥和掺和料应存放在密封、干燥、避免受潮的筒仓内。不同生产企业、不同品种、不同强度等级的原材料不得混仓。

② 砂、石应按不同品种、规格分别存放，并应有防混料、防尘和防雨措施。

③ 外加剂应按不同生产企业、不同品种分别存放，并有防止沉淀等措施。

（3）预制构件制作前，应对各种生产机械、设施设备进行安装调试、工况检验和安全检查，确认其符合相关要求。

（4）预制构件制作前，应对相关岗位的人员进行技术操作培训。

（5）预制构件制作前，应根据确定的施工组织设计文件，编制下列生产计划文件：

① 生产工艺及构件生产总体计划。

② 模具方案及模具计划。

③ 原材料、构配件进厂计划。

④ 构件生产计划。

⑤ 物流管理计划。

3.2.4.3 模具清扫与组装

1. 底模清扫

驱动装置将底模驱动至清理工位，清扫机大件挡板挡住大块的混凝土块，防止大块混凝土进入清理机内部损坏设备。立式旋清电机组对底面进行精细清理，把附着在底板表面的小块混凝土残余清理干净。风刀对底模表面进行最终清理，清洗机底部废料回收箱收集清理的混凝土废渣，废渣被输送到车间外部存放处理，模具清理需要人工进行清理。

2. 模具清理

（1）用钢丝球或刮板将内腔残留混凝土及其他杂物清理干净，使用压缩空气将模具内腔吹干净，以用手擦拭手上无浮灰为准。

（2）所有模具拼接处均用刮板清理干净，保证无杂物残留。确保组模时无尺寸偏差。

（3）清理模具各基准面边沿，以利于保证抹面时的厚度要求。

（4）清理模具工装（工艺装备的简称，下同），保证工装无残留混凝土。

（5）清理模具外腔，并涂油保养。

（6）清理下来的混凝土残灰要及时收集到指定的垃圾桶内。

3．组模

（1）组模前先检查清模板是否到位，如发现模具清理不干净，不得进行组模。

（2）组模时应仔细检查模板是否有损坏、缺件现象，损坏、缺件的模板应及时维修或者更换。

（3）选择正确型号的侧板并进行拼装，拼装时不许漏放紧固螺栓或磁盒。在拼接部位要粘贴密封胶条，密封胶条粘贴要平直，无间断，无褶皱，胶条不应在构件转角处搭接。

（4）各部位螺栓校紧，模具拼接部位不得有间隙，确保模具所有尺寸偏差控制在误差范围以内。

4．涂刷界面剂

（1）需涂刷界面剂的模具应在绑扎钢筋笼之前涂刷，严禁界面剂涂刷到钢筋笼上。

（2）界面剂涂刷之前必须保证模具干净，无浮灰。

（3）界面剂涂刷工具为毛刷，严禁使用其他工具。

（4）涂刷界面剂必须涂刷均匀，严禁有流淌、堆积的现象。涂刷完的模具要求涂刷面水平向上放置，20min后方可使用。

（5）涂刷厚度不小于2mm，且须涂刷两次，两次涂刷的时间间隔不小于20min。

5．涂刷或喷涂隔离剂

隔离剂可以采用涂刷或者喷涂方式。

（1）涂刷隔离剂。

①涂刷隔离剂前检查模具是否清理干净。

②隔离剂必须采用无水性隔离剂，且须时刻保证抹布（或海绵）及隔离剂干净无污染。

③用干净抹布蘸取隔离剂，拧至不自然下滴为宜，均匀涂抹在底模和模具内腔，保证无漏涂。

④涂刷隔离剂后的模具表面不准有明显痕迹。

（2）喷涂隔离剂。驱动装置将底模驱动至刷隔离剂工位，喷油机的喷油管对底模表面进行隔离剂喷洒，抹光器对底模表面进行扫抹，使隔离剂均匀地涂在底板表面。喷涂机采用高压超细雾化喷嘴，可实现均匀喷涂，隔离剂厚度、喷涂范围可以通过调整参与作业的喷嘴数量、喷涂角度及模台运行速度来调整。

6. 自动划线

根据任务需要，用CAD绘制需要的实际尺寸图形（包括模板的尺寸及模板在模台上的相对位置），再通过专用图形转换软件，把CAD文件转为划线机可识读的文件，用U盘或其他工具直接传送到划线机的主机上，划线机械人员就可以根据预先编好的程序，划出模板安装及预埋件安装的位置线。作业人员根据此线能准确可靠地安装好模板和预埋件。划线机能自动按要求划出设计所要求的安装位置线，防止人为错误而出现不合格品。整个划线过程不需要人工干预，全部由机器自动完成，所划线条粗细可调，划线速度可调。在一个模台上，同时生产多个混凝土构件，可以在编程时，对布局进行优化，提高模台的使用效率。

7. 模具固定

驱动装置将完成划线工序的底模驱动至模具组装工位，模板内表面要手工涂刷界面剂；同时，绑扎完毕的钢筋笼也吊运到此工位，作业人员在模台上进行钢筋笼及模板组模作业，模板在模台上的位置以预先划好的线条为基准进行调整，并进行尺寸校核，确保组模后的位置准确。行车将模具连同钢筋骨架吊运至组模工位，以划线位置为基准控制线安装模具（含门、窗洞口模具）。对照划线位置对模具（含门、窗洞口模具）、钢筋骨架进行微调整，控制模具组装尺寸。模具与底模紧固，下边模和底模用紧固螺栓连接固定，上边模靠花篮螺栓连接固定。模具与底模紧固，左右侧模和窗口模具采用磁盒固定。

3.2.4.4 钢筋加工及安装、预埋件等附属品埋设

1. 钢筋调直

（1）采用钢筋调直机调直冷拔钢丝和细钢筋时，要根据钢筋的直径选用调直模和传送压辊，并要正确掌握调直模的偏移量和压辊的压紧程度。

（2）调直模的偏移量，根据其磨耗程度及钢筋品种通过试验确定；调直筒两端的调直模一定要在调直前后导孔的轴心线上，这是钢筋能否调直的一个关键。

（3）一般在钢筋穿入压辊之后，上、下压辊间宜有小于3mm的间隙。压辊的压紧程度要做到既能保证钢筋顺利地被牵引前进，看不出有明显的转动，又能允许在切断的瞬间钢筋和压辊间发生打滑。

2. 钢筋剪切

（1）钢材进厂前必须进行抗拉试验，合格后根据施工图纸进行加工。

（2）剪切成型的钢材尺寸偏差不得超过±5mm，保证成型钢材平直，不得有毛糙。

（3）剪切后的半成品料要按照型号整齐地摆放到指定位置。

（4）对剪切后的半成品料要进行自检，如超过误差标准，严禁放到料架上。如质检员经检查发现料架上有尺寸超差的半成品料，要对钢筋班组相关责任人进行处罚。

3. 钢筋半成品加工

（1）钢筋宜采用除锈机、风砂枪等机械除锈，当钢筋数量较少时，可采用人工除锈。除锈后的钢筋不宜长期存放，应尽快使用。

（2）钢筋的表面应洁净，使用前应将表面油渍、漆污、锈皮、鳞锈等清除干净，但对钢筋表面的水锈和色锈可不做专门处理。在钢筋清污除锈过程中或除锈后，当发现钢筋表面有严重锈蚀、麻坑、斑点等现象时，应经鉴定后视损伤情况确定降级使用或剔除不用。

（3）钢筋焊接前须消除焊接部位的铁锈、水锈和油污等，钢筋端部的扭曲处应矫直或切除。施焊后焊缝表面应平整，不得有烧伤、裂纹等缺陷。

（4）钢筋调直应符合《混凝土结构工程施工质量验收规范》（GB 50204—2015）的有关规定。钢筋调直宜采用机械方法，也可采用冷拉方法。当采用冷拉方法调直钢筋时，HPB300级钢筋的冷拉伸长率不宜大于4%，HRB400级钢筋的冷拉率不宜大于1%。

（5）对钢筋下料长度的计算，目前多数教材和手册采用下列公式：

下料长度=外包尺寸-量度差+端部弯钩增值

直线钢筋下料长度=构件长度-保护层厚度+钢筋弯钩增加长度

弯起钢筋下料长度=直段长度+斜段长度-量度差值+弯钩增加长度

箍筋下料长度=直段长度+弯钩增加长度-量度差值

（6）受力钢筋的弯钩弯折应符合下列规定：HPB300级钢筋末端应做180°弯钩，其弯弧内直径不应小于钢筋直径的2.5倍，弯钩的弯后平直部分长度不应小于钢筋直径的3倍；当设计要求钢筋末端需要做135°弯钩时，HRB335级、HRB400级钢筋弯弧内直径不小于钢筋直径的4倍，弯钩后的平直部分长度应符合设计要求；钢筋做不大于90°弯折时，弯折处的弯弧内直径不应小于钢筋直径的5倍。

（7）除焊接封闭环式箍筋外，箍筋的末端应做弯钩，弯钩的形式应符合设计要求，当设计无要求时应符合下列规定：箍筋、拉筋弯钩的弯弧内直径除应符合《混凝土结构工程施工质量验收规范》（GB 50204—2015）的有关规定外，尚应不小于受力钢筋直径；箍筋、拉筋弯钩的弯折角度：对于一般结构不应小于90°，对于有抗震等级要求的应为135°；箍筋、拉筋弯后平直部分长度：对于一般结构不宜小于钢筋直径的5倍，对于有抗震等级要求的不应小于箍筋、拉筋直径的10倍和75mm两者中的最大值。

4．钢筋套丝加工

（1）对端部不直的钢筋要预先调直，按规程要求，切口的端面应与轴线垂直，不得有马蹄形端面或挠曲，因此刀片式切断机和氧气吹割都无法满足加工精度要求，通常只有采用砂轮切割机，按配料长度逐根进行切割才能满足要求。

（2）加工丝头时，应采用水溶性切削液，当气温低于0℃时，应掺入15%～20%亚硝酸钠。严禁用机油做切削液或不加切削液就加工丝头。

（3）操作工人应按表3.2.1的要求检查丝头的加工质量，每加工10个丝头用通、止环规检查一次。钢筋丝头质量检验的方法及要求应满足表3.2.1的规定。

表3.2.1　钢筋套丝加工允许偏差表

序号	量具名称	量具规格	检验要求
1	自动数控弯箍机	6～10t	牙型完整，螺纹大径低于中径的不完整丝扣累计长度不得超过两个螺纹周长
2	数控钢筋调直切断机	15～20t	拧紧后钢筋在套筒外露丝扣长度应大于0扣，且不超过1扣
3	数控钢筋剪切生产线	20～25t	检查工件时，合格的工件应当能通过通端而不能通过止端，即螺纹完全旋入环通规，而旋止规不超过2P（P为螺距），此时判定螺纹尺寸合格

（4）连接钢筋时，钢筋规格和套筒的规格必须一致，钢筋和套筒的丝扣应干净、完好无损。

（5）采用预埋接头时，连接套筒的位置、规格和数量应符合设计要求。带连接套筒的钢筋应固定牢靠，连接套筒的外露端应有保护盖。

（6）滚压直螺纹接头应使用管钳和力矩扳手进行施工，将两个钢筋丝头在套筒中间位置顶紧，接头拧紧力矩应符合规定。力矩扳手的精度为±5%。

（7）经拧紧后的滚压直螺纹接头应随手刷上红漆以做标识，单边外露丝扣长度不应超过1扣。

（8）根据抗拉强度以及高应力和大变形条件下反复拉压性能的差异，接头应分为下列三个接头等级：

Ⅰ级接头。接头抗拉强度不小于被连接钢筋的实际抗拉强度或1.1倍钢筋抗拉强度标准值，并具有高延性及反复拉压性能。

Ⅱ级接头。接头抗拉强度不小于被连接钢筋屈服强度标准值，并具有高延性及反复拉压性能。

Ⅲ级接头。接头抗拉强度不小于被连接钢筋屈服强度标准值的1.35倍，并具有一定的延性及反复拉压性能。

5．钢筋骨架制作

（1）绑扎或焊接钢筋骨架前应仔细核对钢筋下料尺寸及设计图纸。

（2）保证所有水平分布筋、箍筋及纵筋保护层厚度，外露纵筋和箍筋的尺寸，箍筋、水平分布筋和纵向钢筋的间距。

（3）边缘构件范围内的纵向钢筋依次穿过的箍筋，从上往下要与主筋垂直，箍筋转角与主筋交点处采用兜扣法全数绑扎。主筋与箍筋非转角的相交点呈梅花式交错绑扎，绑丝要相互呈"八"字形绑扎，绑丝接头应伸向柱中，箍筋135°弯钩水平平直部分满足规范要求。最后绑扎拉筋，拉筋应钩住主筋。箍筋弯钩叠合处沿柱子竖筋交错布置，并绑扎牢固。边缘构件底部箍筋与纵向钢筋绑扎间距按要求加密。

（4）竖向分布钢筋在规定内进行绑扎，墙体水平分布筋、纵向分布筋的每个绑扎点采用两根绑丝，剪力墙身拉筋要求按照双向拉筋与梅花双向拉筋布置。

（5）电气线盒预埋位置下部须预留线路连接槽口。

（6）绑扎钢筋时一般用顺扣或"八"字扣，钢筋每个交叉点均要绑扎，并且应绑扎牢固，不得松扣。叠合板吊环要穿过桁架钢筋，绑扎在指定位置。

（7）叠合板中遇到不大于300mm的洞口时，钢筋构造应符合规定。

（8）楼梯段绑扎要保证主筋、分布筋之间钢筋的间距、混凝土保护层厚度。先绑扎主筋后绑扎分布筋，每个交点均应绑扎，如有楼梯梁筋时，先绑扎梁筋后绑扎板筋，板筋要锚固到梁内，底板筋绑完，再绑扎梯板负筋。

（9）所有预制构件吊环埋入混凝土的深度不应小于30d。

（10）钢筋骨架制作偏差应满足要求。

6．保温板半成品加工

（1）保温板切割应按照构件的外形尺寸、特点，合理、精准地下料。

（2）所有通过保温板的预留孔洞均要在挤塑板加工时，留出相应的预留孔位。

保温板半成品加工要满足规定。

7．钢筋网片、骨架入模及埋件安装

（1）钢筋网片、骨架经检查合格后，吊入模具并调整好位置，垫好保护层垫块。

（2）检查外露钢筋尺寸和位置。

（3）安装钢筋连接套筒和进出浆管，并用固定装置将套筒固定在模具上。

（4）用工装保证预埋件及电气线盒位置，将工装固定在模具上。

8. 预埋件埋设

驱动装置将完成模具组装工序的底模驱动至预埋件安装工位，按照图纸的要求，将连接套筒固定在模板及钢筋笼上；利用磁性底座将套筒软管固定在模台表面；将简易工装连同预埋件（主要指斜支撑固定埋件、固定现浇混凝土模板埋件）安装在模具上，利用磁性底座将预埋件与底模固定并安装锚筋，完成后拆除简易工装；安装水电盒、穿线管、门窗口防腐木块等预埋件。

固定在模具上的套筒、螺栓、预埋件和预留孔洞应按构件模板图进行配置，且应安装牢固，不得遗漏，允许偏差及检验方法应满足规定。

3.2.4.5 混凝土浇筑及表面处理

1. 混凝土一次浇筑及振捣

驱动装置将完成套筒和预埋件安装工序的底模驱动至振动平台并锁紧底模，中央控制室控制搅拌站开始搅拌混凝土，完成搅拌后下料至混凝土运输小车，布料机扫描到基准点开始自动布料。布料完成后，振动平台开始工作，混凝土表面无明显气泡时其停止工作，此时松开底模。

混凝土浇筑及振捣时的要点：

（1）浇筑前检查混凝土坍落度是否符合要求，过大或过小均不允许使用，且要料时不准超过理论用量的2%。

（2）浇筑振捣时尽量避开埋件处，以免碰偏埋件。

（3）采用人工振捣方式，振捣至混凝土表面无明显气泡溢出，保证混凝土表面水平，无凸出石子。

（4）浇筑时控制混凝土厚度，在达到设计要求时停止下料。

（5）工具使用后清理干净，整齐放入指定工具箱内。

（6）及时清扫作业区域，垃圾放入垃圾桶内。

（7）如遇特殊情况（如混凝土的坍落度过大或者过小等），应及时向班长或施工员说明情况，等待处理。

2. 挤塑板及连接件安装

挤塑板安装：驱动装置将完成混凝土一次浇筑和振捣工序的底模驱动至挤塑板安装工位，将加工好的挤塑板按布置图中的编号依次安放好，使挤塑板与混凝土充分接触、连接紧密。

安装连接件：驱动装置将完成外叶墙钢筋网片安装工序的底模驱动至连接件安装工位，将连接件通过挤塑板预先加工好的通孔插入混凝土中，确保混凝土对连接件握裹严实，连接件的数量及位置根据图纸工艺要求，保证位置的偏差在要求的范围内。

挤塑板及连接件安装控制要点：

（1）按图纸尺寸用电锯切割挤塑板，保证切口平整，尺寸准确。

（2）挤塑板应按照图纸要求使用专用工具进行打孔。

（3）连接件与孔之间的空隙用发泡胶封堵严实。

（4）保证在混凝土初凝前完成挤塑板安装，使挤塑板与混凝土粘贴牢固。

（5）挤塑板安装完成后检查整体平整度，有凹凸不平的地方须及时处理。

（6）拼装时不允许错台，外叶墙与挤塑板的总厚度不允许超过侧模高度。

（7）在预留孔处安装连接件，保证安装后的连接件竖直、插到位。

（8）连接件安装完成后再次整体振捣，以保证连接件与混凝土锚固牢固。

（9）挤塑板找平或调整位置时，使用橡胶锤敲打，如需站在挤塑板上作业，必须戴鞋套，避免弄脏挤塑板。

3. 安装外叶墙钢筋网片

驱动装置将完成挤塑板安装工序的底模驱动至安装外叶墙钢筋网片工位。

4. 混凝土二次浇筑及振捣

驱动装置将完成连接件安装工序的底模驱动至振动平台并锁紧底模，中央控制室控制搅拌站开始搅拌混凝土，完成搅拌后下料至混凝土运输小车，小车通过空中轨道运行至布料机上方并向布料机投料，布料机扫描到基准点开始自动布料，采用振捣棒进行人工振捣至混凝土表面无明显气泡后松开底模。

5. 赶平

驱动装置将完成混凝土二次浇筑及振捣工序的底模驱动至赶平工位，振捣赶平机开始工作，振捣赶平机对混凝土表面进行振捣，在振捣的同时对混凝土表面进行刮平；根据表面的质量及平整度等状况调整振捣刮平机的相关运转参数。

3.2.4.6　预制构件养护

1．预养

驱动装置将完成赶平工序的底模驱动至预养窑，通过蒸汽管道散发的热量对混凝土进行蒸养，获得初始结构强度以及达到构件表面搓平压光的要求。预养采用干蒸的方式，利用蒸汽管道散发的热量获得所需的窑内温度；窑内温度实现自动监控、蒸汽通断自动控制，窑内温度控制在30～35℃范围内，最高温度不超过40℃。

2．抹面

驱动装置将完成预养工序的底模驱动至抹面工位，抹面机开始工作，确保平整度及光洁程度符合构件质量要求。

人工混凝土抹面要点：

（1）先使用刮杠将混凝土表面刮平，确保混凝土厚度不超出模具上沿。

（2）用塑料抹子粗抹，做到表面基本平整，无外露石子，外表面无凹凸现象，四周侧板的上沿（基准面）要清理干净，避免边沿超厚或有毛边。此步完成之后须静停不少于1h再进行下次抹面。

（3）将所有埋件的工装拆掉，并及时清理干净，整齐地摆放到指定位置，锥形套留置在混凝土中，并用泡沫棒将锥形套孔封严，保证锥形套上表面与混凝土表面平齐。

（4）使用铁抹子找平，要特别注意埋件、线盒及外露线管四周的平整度，边沿的混凝土如果高出模具上沿要及时压平，保证边沿不超厚并无毛边，此道工序须将表面平整度控制在3mm以内，此步完成须静停2h。

（5）使用铁抹子对混凝土上表面进行压光，保证表面无裂纹、无气泡、无杂质、无杂物，表面平整光洁，不允许有凹凸现象。此步应使用靠尺边测量边找平，保证上表面平整在3mm以内。

3．构件养护

驱动装置将完成磨光工序的底模驱动至堆码机，堆码机将底模连同预制构件输送至空闲养护单元内，在蒸养8～10h后，再由堆码机将平台从蒸养窑内取出并送入生产线，进入下一道工序。立体蒸养采用蒸汽湿热蒸养方式，利用蒸汽管道散发的热量及直接通入窑内的蒸汽获得所需的温度及湿度；温度及湿度自动监控，温度及湿度变化全自动控制，蒸养温度最高不超过60℃，确保升温及降温的速度符合要求，同时确保蒸养窑内各点温度均匀。

固定台模的蒸汽养护要点：

（1）抹面之后、蒸养之前须静停，静停时间以用手按压无压痕为标准。

（2）用干净塑料布覆盖混凝土表面，再用帆布将墙板模具整体盖住，保证气密性，之后方可通蒸汽进行蒸养。

（3）温度控制：控制最高温度不高于60℃，升温速度不大于15℃/h，恒温不高于60℃，时间不少于6h，降温速度不大于10℃/h。

（4）温度测量频次：同一批蒸养的构件每小时测量一次。

3.2.4.7 预制构件脱模和起吊

1. 拆模

码垛机将完成养护工序的构件连同底模从养护窑里取出，并送入拆模工位，用专用工具松开模板紧固螺栓、磁盒等，利用起重机完成模板输送，并对边模和门窗口模板进行清洁。

拆模控制要点：

（1）拆模之前须做同条件试块的抗压试验，试验结果达到20MPa以上方可拆模。

（2）用电动扳手拆卸侧模的紧固螺栓，打开磁盒磁性开关后将磁盒拆卸，确保都拆卸完全后将边模平行向外移出，防止边模在此过程中变形。

（3）将拆下的边模由两人抬起轻放到边模清扫区，并送至钢筋骨架绑扎区域。

（4）拆卸下来的所有工装、螺栓、各种零件等必须放到指定位置。

（5）模具拆卸完毕后，将底模周围的卫生打扫干净。

2. 脱模

（1）在混凝土达到20MPa后方可脱模。

（2）起吊之前，检查吊具及钢丝绳是否存在安全隐患，如有问题不允许使用，并应及时上报。

（3）检查吊点、吊耳及起吊用的工装等是否存在安全隐患（尤其是焊接位置是否存在裂缝）。吊耳工装上的螺栓要拧紧。

（4）检查完毕后，将吊具与构件吊环连接固定，起吊指挥人员要与起重机配合好，保证构件平稳，不允许发生磕碰。

（5）起吊后的构件放到指定的构件冲洗区域，下方垫300mm×300mm木方，保证构件平稳，不允许磕碰。

（6）起吊工具、工装、钢丝绳等使用过后要存放到指定位置，妥善保管，不允许丢失，出现丢失情况由起吊班组自行承担。

3. 翻转起吊

驱动装置将预制构件连同底模驱动至翻转工位，底模平稳后液压缸将底模缓慢顶起，最后通过起重机将构件运至成品运输小车。

3.2.5　构件编码管理

3.2.5.1　预制构件标识及使用说明

（1）预制构件检验合格后，应立即在其表面显著位置，按构件制作图编号对构件进行喷涂标识。标识应包括构件编号、重量、使用部位、生产厂家、生产日期（批次）字样。构件生产单位应根据不同构件类型，提供预制构件运输、存放、吊装全过程技术要求和安装使用说明书。

（2）预制构件检验合格出厂前，应在构件表面粘贴产品合格证（准用证），合格证（准用证）应包括下列内容：

① 合格证编号。

② 构件编号。

③ 构件类型。

④ 重量信息。

⑤ 材料信息。

⑥ 生产企业名称、生产日期、出厂日期。

⑦ 检验员签名或盖章（构件厂、监理单位）。

3.2.5.2　预制构件编码及其作用

预制构件也可以采用二维码和RFID技术进行编码。

二维码和RFID技术对施工的作业指导主要体现在以下几点。

1. 对构件进场堆放的指导

由于BIM模型中的构件所包含的信息与实际构件上的二维码及RFID芯片里的信息是一样的，所以通过BIM模型，施工员就能知道每天施工的内容需要哪些构件，这样就可以每天只把当天需要的构件（通过扫描二维码或RFID芯片与BIM模型里相应的构件对应起来）运送进场并堆放在相应的场地，而不是一次把所有的构件全部都运送到场，这种分批有目的的运送既能解决施工现场材料堆放场地的问题，又能降低运输成本。由此不用一次安排大量的人力和物力在运输上，只需要定期小批量运送就行，同时也缩短了工期。工地也不需要等所有的构件都加工完成才开始施工，而是可以令工厂加工和工地安装同步进行，即工厂先加工第一批构件，然后在工地

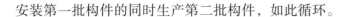

安装第一批构件的同时生产第二批构件，如此循环。

2. 对构件安装过程的指导

施工员在领取构件时，对照BIM模型里自己的工作区域和模型里构件的信息，就可以通过扫描实际构件上的二维码或RFID芯片很迅速地领到对应的构件，并把构件吊装到正确的安装区域。而且，在安装构件时，只要用手持设备先扫描一下构件上的二维码或RFID芯片，再对照BIM模型，就能知道这个构件应该安装在什么位置，这样就能减少因构件外观相似导致安装出错，造成成本增加、工期延长。

3. 对安装过程及安装完成后信息录入的指导

施工员在领取构件时，可以通过扫描构件上的二维码或RFID芯片来录入施工员的个人信息、构件领取时间、构件吊装区段等，且凡是参与吊装的人员都要录入自己的个人信息和工种信息等。安装完成后，应该通过扫描构件上的二维码或RFID芯片确认构件安装完成，并输入安装过程中的各种信息，同时将这些信息录入相应的BIM模型，等待监理验收。这些安装过程信息应包括安装时现场的气候条件（温度、湿度、风速等）、安装设备、安装方案、安装时间等所有与安装相关的信息。此时，BIM模型里的构件将会处于已安装完成但未验收的状态。

4. 对施工构件验收的指导

当一批构件安装完成后，监理人员要对安装好的构件进行验收，检验安装是否合格。这时，监理人员可以先从BIM模型里查看哪些构件处于已安装完成但未验收状态，然后只需要对照BIM模型，再扫描现场相应构件的二维码或RFID芯片来检查，如果两者包含的信息是一致的，就说明安装的构件与模型里的构件是对应的。同时，监理人员还要对构件的其他方面进行验收，检验是否符合现行国家和行业相关规范的标准，所有这些验收信息和结果（包括监理单位信息、验收人员信息、验收时间和验收结论等）在验收完成后都可以输入相应构件的二维码、RFID芯片，并同时录入BIM模型。这样，这种二维码或RFID技术对构件验收的指导和管理也可以被应用到项目的阶段验收和整体验收中，以提高施工管理效率。

5. 对施工人力资源组织管理的指导

预制构件编码，这项新型数字化物流技术通过赋予每一个参与施工的人员，即每一个员工一个与项目对应的二维码或RFID芯片来实现管理目的。二维码、RFID芯片含有的信息包括个人基本信息、岗位信息、工种信息等。每天参与施工的员工在进场和工作结束时可以先扫描自己的二维码或RFID芯片，这样，这些员工的进场和结束时间、负责区域、工种内容等就都被记录并录入BIM施工管理模型，且这个模型是由专门的施工管理人员负责管理的。通过这种方法，施工管理者可以很方便地统计每天、每个阶段、每个区域的人力分布情况和工作效率情况，根据这些信息，可以判断出人力资源的分布和使用情况，当出现某阶段或某区域人力资源过剩或不足时，就可以及时调整人力资源的分布和投入，同时也可以评估并指导下一阶段的施工人力资源的投入。通过这种新型的数字化物流技术对施工人力资源进行管理，可以及时避免人力资源的闲置、浪费等不合理现象，大大提高施工效率，降低人力资源成本，加快施工进度。

6. 对施工进度的管理指导

二维码、RFID芯片数字标签的最大的特点和优点就是信息录入的实时性和便捷性，即可随时随地通过扫描自动录入新增的信息，并更新到相应的BIM模型里，保持BIM模型的进度与施工现场的进度一致，也就是说，在施工现场建造一个项目的同时，计算机里的BIM模型也在同步地搭建一个与施工现场完全一致的虚拟建筑，那么施工现场的进度就能最快最真实地反映在BIM模型里，这样施工管理者就能很好地掌握施工进度并能及时调整施工组织方案和进度计划，从而达到提高生产效率、节约成本的目的。

7. 对运营维护的作业指导

验收完成后，所有构件上的二维码或RFID芯片就已经包含了在这个时间点之前的所有与该构件有关的信息，而相应的BIM模型里的构件信息与实际构件上二维码或RFID芯片里的信息是完全一致的，这个模型将交付给业主作为后期运营维护的依据。在后期使用时，将会有以下情况需要对构件进行维护：一是构件定期保养维护（如钢构件的防腐维护、机电设备和管道的定期检修等）；二是当构件出现故障或损坏时需要维修；三是建筑或设备的用途和功能需要改变时。

对于构件定期保养，由于构件上的二维码或RFID信息已经全部录入BIM模型，那么在模型里就可以设置一个类似闹钟的功能，当某一个或某一批构件到期需要维护时，模型就会自动提醒业主维修，业主则可以根据提醒在模型中很快地找到需要维护的构件，并在二维码或RFID信息里找到该构件的维护标准和要求。维护时，维护人员通过扫描实际构件上的二维码或者RFID信息来确认需要维护的构件，并根据信息里的维护要求进行维护。维护完成后将维护单位、维护人员的信息以及所有与维护相关的信息（如日期、维护所用的材料等）输入构件上的二维码或RFID芯片，并同时更新到BIM模型里，以供后续运用维护使用。而当有构件损坏时，维修人员通过扫描损坏构件上的二维码或RFID芯片来找到BIM模型里对应的构件，在BIM模型里就可以很容易地找到该构件在整个建筑中的位置、功能、详细参数和施工安装信息，还可以在模型里拟订维修方案并评估方案的可行性和维修成本。维修完成后再把所有与维修相关的信息（包括维修公司、人员、日期和材料等）输入构件上的二维码或RFID芯片，并更新到BIM模型，以供后续运营维护使用。如果由于使用方式的改变，原构件或设备的承载力或功率等可能满足不了新功能的要求，则需要进行重新计算或评估，必要时应进行构件和设备的加固或更换，这时，业主可以通过查看BIM模型里的构件二维码或RFID信息来了解构件和设备原来的承载力和功率等信息，查看是否满足新使用功能的要求。如不满足，则需要对构件或设备进行加固或更换，并在更改完成后更新构件上的和BIM模型里的电子标签信息，以供后续运营维护使用。由此可见，构件编码中的二维码、RFID技术和BIM模型的结合使用极大地方便了业主对建筑的管理和维护。

8. 对产品质量、责任追溯的指导

当构件出现质量问题时，也可以通过扫描该构件上的二维码或RFID，并结合质量问题的类型来找到相关的责任人。

综上，通过采用新型数字化物流技术的指导作业模式，数字化加工的构件信息就可以随时被更新到BIM模型里，这样，当施工单位在使用BIM模型指导施工时，构件里所包含的详细信息就能让施工者更好地安排施工顺序，减少安装出错率，提高工作效率，加快施工进度，加强对施工过程的可控性。

3.3　预制构件的质量管理

3.3.1　预制构件厂质量管理组织架构

企业总经理对产品质量负主要责任，主管质量的副总负责具体质量管理工作，质检部经理负责落实及监督质量管理工作，质检部与生产部配合主管副总做好质量管理工作，质量主管、试验室主管与生产主管负责具体工作，如图3.3.1所示。

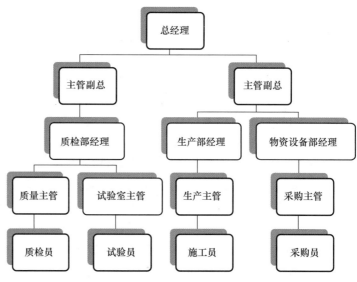

图3.3.1 预制构件厂质量管理组织架构

全员参与质量管理工作与质量提升工作,提高一线工人的质量意识,强化技术工人的职业技能,细化生产过程中的质量控制,严格执行质量管理流程及质量标准;进一步增强质量意识,优化生产流程,切实有效保证产品质量;优化产品的生产工艺,提高生产效率;提高技术人员的技术能力,提高整体工艺水平。

3.3.2 预制构件生产材料质量控制

3.3.2.1 生产材料质量控制一般规定

(1)原材料、设备及相关物资采购合同的技术要求必须符合质量标准(国家标准或企业标准)。

(2)质检部制定原材料生产的技术要求及进场检验标准,物资设备部制定设备进场检验标准,生产部制定生产辅料等进场检验标准。

(3)质检部对进厂的原材料按照国家标准或企业标准要求进行检验,并做好检验记录,检验合格后方可使用。

(4)物资设备部对进厂的设备、部品、配件等按照相关标准进行检验,并做好检验记录,检验合格后方可使用。

(5)生产部对进厂的生产辅料等按照相关标准进行检验,并做好检验记录,检验合格后方可使用。

(6)如出现进厂的原材料、设备、部品、配件、备件、生产辅料经检验不符合要求,物资设备部可依据让步接收标准进行让步接收或进行退厂处理。

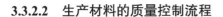

3.3.2.2 生产材料的质量控制流程

（1）原材料进厂卸车之前，由物资设备部相关人员负责通知试验室对新进厂的原材料进行检验。

（2）试验室应及时安排相关人员根据相关标准和《原材料检验工作标准》要求进行取样及检验；若夜间进货，而试验室无相关人员可以检验，则在第二日及时安排相关人员进行取样及检验。

（3）白天有原材料进厂，试验室应在2h内完成所有相关检验工作，并编写原材料进厂检验报告；晚上有原材料进厂，物资设备部相关人员应对原材料外观进行基本检查，并于第二日及时通知试验室相关人员进行原材料检验。

（4）试验室相关人员应在检验完毕后，及时将编写好的原材料进厂检验报告（一式两份）其中一份递交物资设备部相关负责人，若发现其指标不符合企业内控要求、采购文件或者采购合同的规定，应做好记录，做好标示并通知物资设备部。

（5）物资设备部相关负责人应严格根据原材料进厂检验报告及试验室对原材料的处理意见，及时对新进厂的原材料采取相应的处理。

（6）对已进厂但不合格品，应杜绝投入生产，由物资设备部负责通知供方，要求其改正，情况严重的应停止该供方供货。

（7）试验室须对所有进厂原材料按照每批次或每编号至少抽样检验一次的频率进行检验，并将相对应的原材料进厂检验报告进行归档保存。

3.3.2.3 预制构件生产过程质量控制

（1）依据产品质量内控标准，每天对产品的每道生产工序进行检验，做好相关记录。

（2）对不合格工序下达整改通知单，在未形成质量事故前及时整改，质检部下达整改通知单，生产部负责整改。

（3）质量记录、档案、资料、报表管理及上报的要求。

① 按照企业要求，做好质量技术文件的档案管理工作。原始记录和台账使用统一的表式，各项检验要有完整的原始记录和分类台账，并按月装订成册，由专人保管，按期存技术档案室。原始记录保存期为三年，台账应长期保存。

② 各项检验原始记录和分类台账的填写，必须清晰、完整，不得任意涂改。当笔误时，须在笔误数据中央画两道横杠，在其上方书写更改后的数据并加盖修改人印章，涉及出厂产品的检验记录的更正应有质量主管签字或盖章。

③ 对质量检验数据要及时整理和统计，每月应有月统计报表和月统计分析总结，全年应有年统计报表和年统计质量总结。

④ 构件生产时应制定措施避免出现预制构件的外观质量缺陷。预制构件的外观质量缺陷根据其影响预制构件的结构性能和使用功能的严重程度，可按表3.3.1规定划分严重缺陷和一般缺陷。

表3.3.1　预制构件外观质量缺陷

项目	现象	严重缺陷	一般缺陷
露筋	钢筋未被混凝土完全包裹而外露	纵向受力钢筋有露筋	其他钢筋有少量露筋
蜂窝	混凝土表面缺少水泥砂浆而形成石子外露	构件主要受力部位有蜂窝	其他部位有少量蜂窝
孔洞	混凝土中孔穴深度和长度均超过保护层厚度	构件主要受力部位有孔洞	其他部位有少量孔洞
夹渣	混凝土中夹有杂物且深度超过保护层厚度	构件主要受力部位有夹渣	其他部位有少量夹渣
疏松	混凝土中局部不密实	构件主要受力部位有疏松	其他部位有少量疏松
连接部位缺陷	连接处混凝土存在缺陷及连接钢筋、连接件松动	构件主要受力部位有影响结构性能或使用功能的裂缝	其他部位有少量不影响结构性能或使用功能的裂缝
外形缺陷	缺棱掉角、表面翘曲、表面凹凸不平、外装饰材料黏结不牢、位置偏差、嵌缝没有达到横平竖直	清水混凝土构件、有外装饰的混凝土构件出现影响使用功能或装饰效果的外形缺陷	其他混凝土构件有不影响使用功能的外形缺陷
外表缺陷	构件表面出现麻面，起砂，掉皮，被污染	具有重要装饰效果的清水混凝土构件有外表缺陷	其他混凝土构件有不影响使用功能的外表缺陷
裂缝	缝隙从混凝土表面延伸至混凝土内部	构件主要受力部位有影响结构性能或使用功能的裂缝、裂缝宽度大于0.3mm且裂缝长度超过300mm	其他部位有少量不影响结构性能或使用功能的裂缝
破损	运输、存放中出现磕碰导致构件表面混凝土破碎、掉块等	构件主要受力部位有影响结构性能、使用功能的破损；影响钢筋、连接件、预埋件锚固的破损	其他部位有少量不影响结构性能或使用功能的破损

3.3.2.4　预制构件缺陷修补质量控制

1．预制构件缺陷修补质量控制一般规定

（1）预制构件在生产制作、存放、运输等过程中出现的非结构质量问题，应采取相应的修补措施进行修补，对于影响结构的质量问题，应做报废处理。

（2）本规定适用于承重构件混凝土裂缝的修补，对承载力不足引起的裂缝，除应按适用的方法进行修补外，尚应采用适当加固方法进行加固。

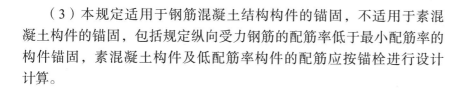

（3）本规定适用于钢筋混凝土结构构件的锚固，不适用于素混凝土构件的锚固，包括规定纵向受力钢筋的配筋率低于最小配筋率的构件锚固，素混凝土构件及低配筋率构件的配筋应按锚栓进行设计计算。

2. 预制构件修补质量检查标准

预制构件表面质量问题处理方案如表3.3.2所示。

表3.3.2 构件表面破损和裂缝处理方案的判定依据

项目	情况	处理方案	检查依据与方法
破损	（1）影响结构性能且不能恢复的破损	废弃	目测
	（2）影响钢筋、连接件、预埋件锚固的破损	废弃	目测
	（3）上述（1）、（2）以外的，破损长度超过20mm	一般破损修补方法	目测、卡尺测量
	（4）上述（1）、（2）以外的，破损长度20mm以下	现场修补	目测、卡尺测量
裂缝	（1）影响结构性能且不能恢复的裂缝	废弃	目测
	（2）影响钢筋、连接件、预埋件锚固的裂缝	废弃	目测
	（3）裂缝宽度大于0.3mm，且裂缝长度超过300mm	废弃	目测、卡尺测量
	（4）上述（1）、（2）、（3）以外的，裂缝宽度大于0.3mm	填充密封法	目测、卡尺测量
	（5）上述（1）、（2）、（3）以外的，宽度不足0.2mm且在外表面时	表面修补法	目测、卡尺测量
钢筋	（1）影响结构性能且不能恢复的缺少钢筋	废弃	目测
	（2）非影响结构性能且数量极个别的缺少钢筋	植筋修补方法	目测
预埋件偏位及漏放	（1）影响结构性能且不能恢复的预埋件偏位及漏放	废弃	目测
	（2）非影响结构性能且数量极个别的预埋件偏位及漏放	预埋件偏位及漏放修补方法	目测

3.3.2.5 预制构件出厂质量控制

预制构件出厂检查一般规定：

（1）预制构件出厂前，应按照产品出厂质量管理流程和产品检查标准检查预制构件，检查合格后方可出厂。

（2）预制混凝土构件质量验收符合质量检查标准时，构件质量评定为合格。

（3）预制混凝土构件质量经检验，不符合本规定要求，但不影响结构性能、安装和使用时，允许进行修补处理。修补后应重新进行检验，符合本规定要求后，修补方案和检验结果应记录存档。

（4）预制构件出厂经检验符合要求时，预制构件质量评定为合格产品（准用产品），由监理单位对预制构件签发产品质量证明书（合格证或准用证）。

3.4 构件运输储存模拟

3.4.1 概述

 想一想

预制构件如果在储存、运输、吊装等环节发生损坏将会产生怎样的影响？

如果在储存、运输、吊装等环节预制构件发生损坏将会很难补修，既耽误工期又造成经济损失。因此，大型预制构件的储存工具与组织运输非常重要（图3.4.1）。

图3.4.1 大型预制构件的储存和组织运输

构件厂与项目部配备二维码打印机，加工厂派专人打印预制混凝土（Precast Concrete，PC）构件二维码，通过选择单元楼、楼层、构件类型批量打印二维码，加工厂在PC构件两侧粘贴二维码，生产人员通过扫描二维码将芯片与构件进行关联，关联信息同步至服务器后，平台自动记录构件生产完成流程步骤。到了现场，工作人员可通过扫描二维码查看PC构件流程信息，将施工过程信息添加到PC构件中。加工厂堆场大门、项目部大门及构件堆场处安装有源芯片接收器，当挂有芯片的PC构件通过大门时，构件信息自动采集至云平台。通过BIM个人计算机（Personal Computer，PC）端、手机端和专业手持终端等均可查看构件进度状态。

预制混凝土构件储存和运输的一般规定：

（1）根据预制构件的种类、规格、重量等参数制定构件运输和存放方案。其内容应包括运输时间、次序、存放场地、运输线路、固定要求、存放支垫及成品保护措施等内容。对于超高、超宽、形状特殊的大型构件的运输和堆放应采取专门质量安全保证措施。

（2）施工现场内道路应根据构件运输车辆设置合理的转弯半径和道路坡度，且应满足重型构件运输车辆通行的承载力要求。

（3）预制构件的存放场地宜为混凝土硬化地面，满足平整度和地基承载力要求，并应有排水设施。

（4）预制构件出厂前应完成相关的质量检验，检验合格的预制构件方可运输出厂。

（5）运输前应确定构件出厂日的混凝土强度不应低于C30或设计强度等级。

（6）预制构件吊装、运输、存放工况所需的工具、吊架、吊具、辅材等应满足技术要求。

（7）预制构件运输和存放过程中，应有可靠的固定构件的措施，不得使构件变形、损坏。

3.4.2　吊具设计计算

（1）预制剪力墙、预制梁、预制楼梯一般采用焊接钢梁作为吊具。焊接钢梁做成通用吊具，组合工字钢或者组合槽钢，一般长度不超过6m，上部设置4个吊点，下部可设置6～8个吊点。考虑吊装动力系数为1.5。

①钢丝绳安全系数至少取5以上，一般可取为10。

②钢梁需进行强度和刚度验算，安全系数不小于4。

③吊点钢板需进行抗拉、抗剪、局部抗压强度计算，安全系数不小于4。

（2）预制剪力墙、预制梁每个构件的吊点，一般按照只有两个吊点起作用计算预埋吊件，考虑动力系数1.5，实际操作可以4点起吊，吊点一般是2的倍数。如果是大型组合吊具，对于构件可以按照多点受力考虑。吊点标准件的承载力需要专业厂家提供数据，如果是实验实测极限值，安全系数至少取2以上。

（3）叠合楼板吊具采用专门设计吊具。

3.4.3　构件运输

3.4.3.1　一般规定及相关规范

以预制混凝土为例。

（1）预制混凝土构件运输宜选用低平板车，并采用专用托架，构件与托架绑扎牢固。

（2）预制混凝土梁、楼板、阳台板宜采用平放运输；外墙板宜采用竖直立放运输；柱可采用平放运输，当采用立放运输时应防止倾覆。

（3）预制混凝土梁、柱构件运输时平放不宜超过2层。

（4）搬运托架、车厢板和预制混凝土构件间应放入柔性材料，构件应用钢丝绳或夹具与托架绑扎，构件边角或与锁链接触的混凝土应采用柔性垫衬材料保护。

3.4.3.2　构件物流运输发展现状

1. 国外现状

如今，国外发达国家的物流运输主要采用甩挂运输方式。甩挂运输（Drop and Pull Transport）是指一辆带有动力的机动车（主车）连续拖带两个以上承载装置（包括半挂车、全挂车或者火车底盘上的货箱），将挂车甩留在目的地后，再拖带其他装满货物的装置返回原地，或者驶向新的地点，以提高车辆运输的周转率和方便货主装货的运输方式。

简单来说，甩挂运输就是用一台牵引车将装有货物的挂车运至目的地，将挂车换下后，换上新的挂车运往另一个目的地的运输方式。

目前，德国朗根多夫（LanGendorf）预制构件运输车运用的就是甩挂运输原理。这种构件运输车具备特殊的悬浮液压系统、安全的装载设计，由单人操作，可在几分钟内实现装卸，无须起重机，无须等待时间，对货物没有损伤，可以大幅提升物流效率。

甩挂运输车和普通平板车对比如图3.4.2所示。

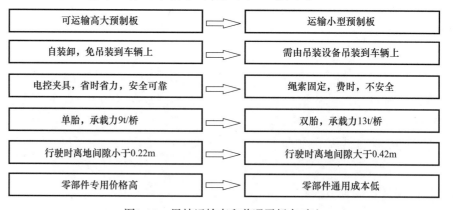

图3.4.2　甩挂运输车和普通平板车对比

2. 国内现状

与国外先进的甩挂运输车相比，我国的运输车还较为落后。运输方式也基本还是以一车一挂为主，远远不能适应甩挂运输发展的需要。

目前，国内预制构件运输主要以重型半挂牵引车为主。其整车尺寸：长12～17m，宽2.4～3m，高不超过4m。牵引重量在40t以内，动力类型为燃油，且油耗为（36～50）L/100km，车速可达119km/h，但一般考虑经济和安全，车速为55～85km/h。

3．PC构件专用运输车

PC构件专用运输车安全、高效、可确保运输质量，但也存在运输成本高的明显劣势，这主要是由于预制构件专用运输车售价高，并且配套使用的储存和运输货架需求量大，当项目面积较大时，一次性投资大，投资回报慢。

例如，满足年产量5万m³的预制混凝土构件厂需要的运输设备一次性投资为1200万～2200万元，如果按照牵引车8年折旧和专用挂车5年折旧，每立方米混凝土预制构件运输设备摊销63～73元，远高于采用传统运输车的方式。

3.4.3.3 构件运输方式

1．柱子运输方法

长度在6m左右的钢筋混凝土柱可用一般载重汽车运输，较长的柱则用拖车运输。拖车运长柱时，柱的最低点至地面距离不宜小于1m，柱的前端至驾驶室距离不宜小于0.5m。

柱在拖车上一般用两点支承的支垫方法，如图3.4.3所示。如柱较长，采用两点支承柱的抗弯能力不足时，应用平衡梁三点支承，或增设一个辅助垫点，如图3.4.4所示。

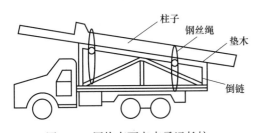

图3.4.3 用拖车两点支承运长柱

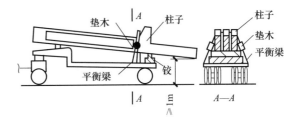

图3.4.4 拖车上设置平衡梁三点支承运长柱

2．屋面梁运输方法

屋面梁的长度一般为6～15m。6m长屋面梁可用载重汽车运输，如图3.4.5所示。长9m以上的屋面梁，一般都在平板拖车上搭设支架运输，如图3.4.6所示。

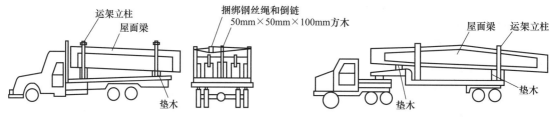

图3.4.5　载重汽车运6m长屋面梁　　　　图3.4.6　平板拖车运长9m以上屋面梁

3．屋架运输方法

6～12m跨度的屋架或块体可用汽车或在汽车后挂"小炮车"运输。15～21m跨度的整榀屋架可用平板拖车运输。

吊车梁、屋面板等一般规格的构件可参照上述构件运输方式实施。对于一些特殊构件应还应该制定专门的运输方案。

4．国内预制混凝土构件主要运输方式

（1）立式运输方案。在低盘平板车上按照专用运输架，墙板对称靠放或者插放在运输架上。对于内、外墙板和预制混凝土外墙板（Precast Concrete Facade Panel，PCF）等竖向构件多采用立式运输方案。

（2）平层叠放运输方式。将预制构件平放在运输车上，多件往上叠放在一起进行运输。叠合板、阳台板、楼梯、装饰板等水平构件多采用平层叠放运输方式。

对于叠合楼板，要求标准6层/叠，不影响质量安全可到8层，堆码时按产品的尺寸大小堆叠；对于预应力板，堆码8～10层/叠；对于叠合梁，2～3层/叠（最上层的高度不能超过挡边一层），考虑是否有加强筋向梁下端弯曲。

除此之外，对于一些小型构件和异型构件，多采用散装方式进行运输。

5．国外预制混凝土构件运输方式

现在，国外的预制混凝土构件已经采用了储存运输一体化的方式。该方式将在流水线上生产出的构件一块块码放在专用货架上，这个专用货架在工厂内也是储存架，专用货架配合预制构件专用运输车使用，不用再次通过卸和装的过程，直接将构件运往工地，大大减少了构件多次装卸过程中的损坏。

3.4.3.4　构件运输准备工作

构件运输的准备工作见图3.4.7。

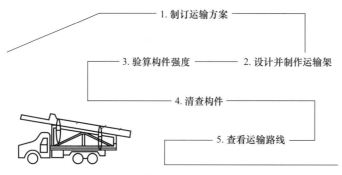

图3.4.7 构件运输的准备工作

构件运输准备工作各环节的注意事项如下：

（1）制订运输方案。此环节需要根据运输构件实际情况、装卸车现场及运输道路的情况、施工单位或当地的起重机械和运输车辆的供应条件以及经济效益等因素综合考虑，最终选定运输方法、选择起重机械（装卸构件用）和运输车辆。

（2）设计并制作运输架。根据构件的重量和外形尺寸进行设计制作，且尽量考虑运输架的通用性。

（3）验算构件强度。对钢筋混凝土屋架和钢筋混凝土柱子等构件，根据运输方案所确定的条件，验算构件在最不利截面处的抗裂度，避免在运输中出现裂缝。如有出现裂缝的可能，应进行加固处理。

（4）清查构件。清查构件的型号、质量和数量，有无加盖合格印和出厂合格证书等。

（5）查看运输路线。组织司机等有关人员查看道路情况，沿途上空有无障碍物，公路桥的允许负荷量，通过的涵洞净空尺寸等。如不能满足车辆顺利通行，应及时采取措施。此外，应注意沿途是否横穿铁路，如有，应查清火车通过道口的时间，以免发生交通事故。

3.4.4 构件放置和储存

3.4.4.1 构件放置与储存一般规定

以预制混凝土构件为例。

（1）预制构件应按规格、型号、使用部位、吊装顺序分别设置存放场地，存放场地应设置在起重机有效工作范围内。

（2）预制构件应按吊装、存放的受力特征选择卡具、索具、托架等吊装和固定措施，并应符合下列要求：

① 构件存放时，最下层构件应垫实；预埋吊环宜向上，标识向外。

② 柱、梁等细长构件存储宜平放，采用两条垫木支撑。

③ 每层构件间的垫木或垫块应在同一垂直线上。

④ 楼板、阳台板构件储存宜平放，采用专用存放架或木垫块支撑，叠放储存不宜超过6层。

⑤ 外墙板、楼梯宜采用托架立放，上部两点支撑。

（3）构件脱模后，在吊装、存放、运输过程中应对产品进行保护，并符合下列要求：

① 木垫块表面应覆盖塑料薄膜防止污染构件。

② 外墙门框、窗框和带外装饰材料的表面宜采用塑料贴膜或者其他防护措施。

③ 钢筋连接套管、预埋螺栓孔应采取封堵措施。

3.4.4.2 构件堆放

1. 构件堆放场

装配式混凝土构件或在专业构件加工厂生产，或在现场就地预制。吊装前，一般都需脱模吊运至堆放场存放。构件堆放场有专用堆放场（图3.4.8）、临时堆放场和现场堆放场三种。

图3.4.8 专用堆放场

（1）专用堆放场。专用堆放场是指设在构件预制厂内的堆放场。此种堆放场，一般设在靠近预制构件的生产线及起重机起重性能所能达到的范围内。

专用堆放场的地面要按照各类构件的几何尺寸和支承点来修建带形基础（混凝土或砖石砌体）。堆置时，应按构件类型分段分垛堆，堆垛各层间用100mm×100mm×100mm的长方木或100mm×100mm×200mm的木垫块垫牢，且各层垫块必须在同一条垂直线上。同时，要按吊装和运输的先后顺序堆放，并标明构件所在的工程名称、构件型号、尺寸及所在工程部位的列、线号。

（2）临时堆放场。当混凝土预制构件厂的预制构件生产量很大，设在场内的堆场容纳不下所生产出的构件时，就须设临时堆放场，将所生产的构件临时运入存放。临时堆放场应设在施工现场附近，其平面布置和构件堆放基本要求与专用堆放场相同。

（3）现场堆放场。现场堆放场是指构件在施工现场预制的场地和构件吊装前运输到现场安装地点就位堆放及拼装的场地。构件的现场预制分为一次就位预制（如柱子按吊装方案布置图一次就位预制）和需二次倒运预制（如屋架在施工现场布置在厂房跨内或跨外预制，起模后需用起重机吊运二次就位或用拖车二次倒运就位）两种方法。现场堆放场内构件堆放的平面布置根据施工组织设计确定。

2. 构件堆放方法

构件堆放根据构件的刚度、受力情况及外形尺寸采取平放或立放。板类构件一般采取平放，桁架类构件一般采取立放，柱子则视具体情况采取平放或立放（柱截面长边与地面垂直称立放，截面短边与地面垂直称平放）。

3. 国内预制混凝土构件主要储存方式

目前，国内的预制混凝土构件的主要储存方式有车间内专用储存架或平层叠放，室外专用储存架、平层叠放或散放，如图3.4.9～图3.4.12所示。

图3.4.9 车间内专用储存架放置

图3.4.10 车间内平层叠放

图3.4.11 室外平层叠放

图3.4.12 室外散放

4．构件拼装

构件拼装有平拼和立拼两种方法。平拼不需要稳定措施，不需要任何脚手架，焊接大部分是平焊，故操作简便，焊缝质量容易保证，但多一道翻身工序，大型屋架在翻身中容易损坏或变形。一般情况下：小型构件，如6m跨度的天窗架和跨度在18m以内的桁架采用平拼；大型构件，如跨度为9m的天窗架和跨度在18m以上的桁架采用立拼。立拼必须要有可靠的稳定措施，立拼法拼装预应力混凝土屋架如图3.4.13所示。

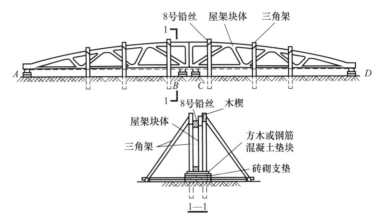

图3.4.13　立拼法拼装预应力混凝土屋架

3.4.5　物流记录系统

构件从加工到工地上进行组合拼装分为三个阶段：第一阶段在工厂中预制构件；第二阶段运输；第三阶段用起重机和其他施工机械将工厂化生产的预制混凝土构件在工地上进行组合拼装。

结合BIM模型和预制构件数字化编码，应用BIM云平台对预制混凝土构件进行信息化管理，采用有源RFID电子芯片+二维码的形式对构件进行全过程的定位追踪，这就形成构件的信息流。

物流信息系统是由人员、计算机硬件、软件、网络通信设备及其他办公设备组成的人机交互系统，其主要功能是实现物流信息的收集、存储、传输、加工整理、维护和输出，为物流管理者及其他组织管理人员提供战略、战术及运作决策的支持，以达到组织的战略竞优，提高物流运作的效率与效益（图3.4.14）。

BIM模型上传至BIM云平台，通过BIM平台进行BIM模型现场协同应用、预制混凝土构件流程跟踪和现场工程资料与预制混凝土构件挂接查看。

通过有源芯片跟踪记录构件流程步骤：构件加工完成—构件入堆场—构件出堆场—构件进项目—构件堆场（现场）。

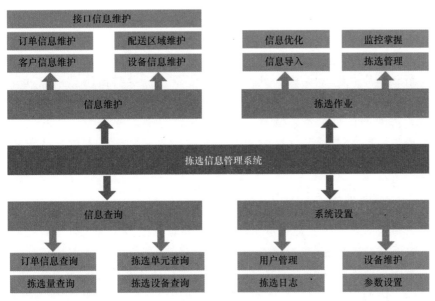

图3.4.14 物流信息系统

物流信息系统是物流系统的神经中枢，它作为整个物流系统的指挥和控制系统，可以分为多种子系统或者多种基本功能。通常，可以将其基本功能归纳为以下几个方面。

1. 数据收集

物流数据的收集首先是将数据通过收集子系统从系统内部或者外部收集到预处理系统中，并整理成为系统要求的格式和形式，然后通过输入子系统输入物流信息系统。这一过程是其他功能发挥作用的前提和基础，如果一开始收集和输入的信息不完整或不正确，在接下来的过程中得到的结果就可能与实际情况相左，这将会导致严重的后果。因此，在衡量一个信息系统性能时，应注意它收集数据的完善性、准确性，以及校验能力和预防、抵抗破坏能力等。

2. 信息存储

物流数据经过收集和输入阶段后，在得到处理之前，必须在系统中存储下来。即使在处理之后，若信息还有利用价值，也要将其保存下来，以供以后使用。物流信息系统的存储功能就是要保证已得到的物流信息能够不丢失、不走样、不外泄、整理得当、随时可用。无论哪一种物流信息系统，在涉及信息的存储问题时，都要考虑到存储量、信息格式、存储方式、使用方式、存储时间、安全保密等问题。如果这些问题没有得到妥善的解决，信息系统是不可能投入使用的。

3. 信息传输

物流信息在物流系统中，一定要准确、及时地传输到各个职能环节，否则信息就会失去其使用价值。这就需要物流信息系统具有克服空间障碍的功能。在物流信息系统实际运行前，必须充分考虑所要传递的信息种类、数量、频率、可靠性要求等因素。只有这些因素符合物流系统的实际需要时，物流信息系统才是有实际使用价值的。

4. 信息处理

物流信息系统的最根本目的就是要将输入的数据加工处理成物流系统所需要的物流信息。数据和信息是有所不同的，数据是得到信息的基础，但数据往往不能直接利用，而信息是从数据加工得到的，它可以直接利用。只有得到了具有实际使用价值的物流信息，物流信息系统的功能才能得到发挥。

5. 信息输出

信息的输出是物流信息系统的最后一项功能，也只有在实现了这个功能后，物流信息系统的任务才算完成。信息的输出必须采用便于人或计算机理解的形式，在输出形式上力求易读易懂，直观醒目。

以上五项功能是物流信息系统的基本功能，缺一不可。而且，只有这五个过程都没有出错，最后得到的物流信息才具有实际使用价值，否则会造成严重的后果。

在这样的系统功能基础上，可以实现六个方面的管理：

（1）生产管理。预制件生产完成时，使用RFID手持机读取电子标签数据，录入完成时间、完成数量、规格等信息，同步到后台。

（2）出厂管理。在工厂大门内外安装RFID阅读器，读取装载于车辆上的预制件标签，判断进出方向，与订单信息匹配，自动同步到后台。

（3）项目现场入场管理。在项目现场安装RFID阅读器，自动识读进入现场的预制件RFID标签数据，将信息同步到系统平台。

（4）堆场管理。在堆场安装RFID阅读器，对堆场预制件进行自动识读，监测其变化，自动同步到后台。

（5）安装管理。在塔式起重机上安装RFID阅读器，在塔式起重机对预制件进行吊装时，自动识读预制件标签，自动记录预制件安装时间。

（6）溯源管理。通过RFID手持机单件识读已安装好的预制件，该预制件信息即可显示。

物流记录系统在满足基本信息化的前提下，还需进一步向智能化和标准化方向努力。

模块小结

　　预制件管理是预制装配式建筑中实现BIM信息化管理实施过程中的一项主要内容，基于BIM模型进行施工图纸深化设计是预制件加工管理工作的第一步，在此基础上进行预制件工厂化生产加工，然后进行构件运输储存，这三大部分都离不开信息化和数字化，在本模块中主要提到用二维码和RFID技术来实现。

习 题

1. 与现浇混凝土相比，工厂化生产预制件的优势包括（　　　）。
   A. 对于建筑工人来说，工厂中相对稳定的工作环境比复杂的工地作业安全系数更高
   B. 工厂需要大面积堆场以及配套设备和工具，堆存成本高
   C. 建筑构件的质量和工艺通过机械化生产能得到更好地控制
   D. 需要经过专业培训的施工队伍配合安装
   E. 预制件尺寸及特性的标准化能显著加快安装速度和建筑工程进度

2. （　　　）和RFID作为一种现代信息技术已经在国内物流、医疗等领域得到了广泛的应用。
   A. 二维码　　　　　　　　　　　B. ERP
   C. 智能化技术　　　　　　　　　D. 标准化技术

3. 传统设计沟通通过平面图交换意见，立体空间的想象需要靠设计者的知识及经验积累。（　　　）在建筑项目中已经变成业务沟通的关键媒介，即使是不具备工程专业背景的人员，也能参与其中。
   A. 立面图　　　　　　　　　　　B. 管线图
   C. BIM模型　　　　　　　　　　D. 构件深化设计

4. 对装配式剪力墙结构深化设计而言，其钢筋的搭接方式包括（　　　）。
   A. 接触式搭接　　　　　　　　　B. 非接触式搭接
   C. 约束浆锚搭接连接　　　　　　D. 非约束浆锚搭接连接
   E. 波纹管浆锚搭接连接

5. 对于深化设计建筑模型质量控制而言，（　　　）作为BIM团队核心成员的一部分，主要负责的方面有参与设计审核，参加各方协调会议，处理设计过程中随时出现的问题等。
   A. 项目经理　　　　　　　　　　B. 企业负责人
   C. 建模员　　　　　　　　　　　D. 模型经理

6. 就BIM成果交付深度来说，根据不同的模型深度要求，目前国内应用较为普遍的建筑信息模型详细等级标准主要划分为（　　）个级别。

　　A. 二　　　　　　　　　　　　B. 三

　　C. 四　　　　　　　　　　　　D. 五

7. 在进行深化设计时，需对房屋建筑结构进行拆分，以剪力墙为例，通常分为三种常用拆分方式，下面（　　）不属于常用拆分方式。

　　A. 边缘构件现浇、非边缘构件预制

　　B. 边缘构件部分预制、水平钢筋连接环套环

　　C. 外墙全预制、现浇部分设置在内墙

　　D. 边缘构件及外墙全预制

8. 预制混凝土构件厂设备分为（　　）。

　　A. 混凝土搅拌设备　　　　　　B. 钢筋加工设备

　　C. 生产线设备　　　　　　　　D. 起重设备

　　E. 安装设备

9. 下列（　　）不符合车间内部人流物流工艺设计要求。

　　A. 需对所要求的工艺设计做到"工序衔接合理，人流物流分开，尽量避免人流物流交叉"

　　B. 要求在车间内设计参观通道、工作人员通道、运送物料通道

　　C. 在人流道上可以走人也可以走物

　　D. 人流通道和物流通道应平行设置，尽量避免出现交叉点

10. 预制构件制作前，应根据确定的施工组织设计文件，编制（　　）。

　　A. 生产工艺及构件生产总体计划

　　B. 模具方案及模具计划

　　C. 原材料、构配件进厂计划

　　D. 构件生产计划

　　E. 物流管理计划

11. 预制构件养护的预养护采用干蒸的方式，利用蒸汽管道散发的热量获得所需的窑内温度；窑内温度实现自动监控、蒸汽通断自动控制，窑内温度控制在（　　），最高温度不超过40℃。

　　A. 20~35℃　　　　　　　　　　B. 25~35℃

　　C. 30~35℃　　　　　　　　　　D. 30~40℃

12. 预制构件出厂质量控制的主控项目包括（　　）。

　　A. 预制构件生产过程中，各项隐蔽工程应有检查记录和检验合格单

　　B. 构件外形尺寸允许偏差应符合规定

　　C. 预制构件的预留钢筋、连接套筒、预埋件和预留孔洞的规格、数量应符合设计要求

　　D. 预制构件的粗糙面或键槽成型质量应满足设计要求

　　E. 预制构件外观质量不应有严重缺陷

13. 预制混凝土构件运输前应确定构件出厂日的混凝土强度不应低于（　　）或设计

强度等级。

　　A．C20　　　　　　　　　　　　B．C30

　　C．C40　　　　　　　　　　　　D．C35

　　14．（　　　）是指一辆带有动力的机动车（主车）连续拖带两个以上承载装置，将挂车甩留在目的地后，再拖带其他装满货物的装置返回原地，或者驶向新的地点，以提高车辆运输的周转率和方便货主装货的运输方式。

　　A．重型半挂牵引　　　　　　　　B．甩挂运输

　　C．拖车　　　　　　　　　　　　D．PC构件专用运输

习题答案

1．ACE　　　2．A　　　3．C　　　4．ABCE　　5．D　　　6．D

7．D　　　8．ABCD　　9．C　　　10．ABCDE　11．C　　12．ACDE

13．B　　　14．B

模块 4　BIM施工场地规划

知识目标

1. 掌握物流线路设计、临时用房规划的概念及要点。
2. 了解广联达BIM施工现场布置软件的构架。

能力目标

1. 能够进行简单的物流规划。
2. 能进行简单的临时用房规划。

知识导引

　　施工现场在进行临时设施规划时，在满足施工的条件下，要尽量节约施工用地；在满足施工需要和文明施工的前提下，尽可能减少临时建设投资；在保证场内交通运输畅通和满足施工对材料要求的前提下，最大限度地减少场内运输，特别是减少场内二次搬运；在平面交通上，要尽量避免土建、安装及其他生产单位相互干扰；符合施工现场卫生及安全技术要求和防火规范。也就是说，施工现场的规划需要考虑诸多因素，如果能结合BIM进行积极有效的规划，就可以避免或减少后面施工中遇到的问题。

　　本书主要就装配式建筑的施工现场规划如何在BIM中应用进行阐述，只涉及管理和BIM应用问题。

4.1　概述

想一想

　　我们在对自己的新房进行装饰的时候，会如何规划？又会考虑哪些因素？对于施工现场来说，需要考虑哪些方面？

施工现场规划主要考虑的是施工现场各设施、资源的布置情况以及流动情况。比如起重机的安装位置、材料的储存位置、施工场地的道路布置、宿舍和办公区的安排等。临时设施布置合理与否，不仅关系到投标阶段能否中标，而且关系到中标后施工现场能否文明施工、安全消防管理及施工协调管理是否合理。合理的临时设施布置有利于施工目标管理顺利达成。

在施工阶段，场地布置会极大地影响施工的质量、进度和协调能力。比如，材料从仓库到准备场地再到施工现场，如果路线和场地大小不合理，可能会出现重复搬运，浪费人力、物力的情况。而机械设备尤其是固定设备（如起重机）的位置安排也是非常重要的：安排不合理，可能会出现起重机工作范围不够、部分区域达不到的情况；而安排合理，可以减少起重机的数量或者提高使用效率。

传统的场地布置采用二维的平面绘制方式，对立体空间的相互影响难以考虑周全，更加难以预测加入时间维度后的运行情况。而BIM技术能很好地解决这些问题，利用BIM技术进行场地布置，可直观且能很好地展示空间、时间上的逻辑性。

虽然目前我国BIM技术的引领是设计部门，但是其对施工的指导作用也得到了越来越大的重视，这也是以后BIM技术发展的方向之一。

4.2 机械设备规划

4.2.1 提升机具

当两辆起重机挨得很近的时候，会发生什么事情？那如果隔得很远，又会有哪些不便呢？

提升机具主要是将物资进行垂直运输的机械器具，常见的主要大型机具是塔式起重机和施工电梯。

1. 塔式起重机

塔式起重机在运行时，会出现作业幅度的问题，而多台塔式起重机在同一工地施工，就有可能出现相互影响的情况。常见的有以下几种：

（1）如图4.2.1所示，工作中如果一台塔式起重机难以满足需要，就要布置两台以上的起重机，如果两台塔式起重机比较接近，其吊臂在旋转的过程中，就有可能发生碰撞干扰的情况。

（2）如果单机难以将重物抬起，就需要采用两台起重机进行抬吊就位，即双机抬吊。抬吊时，起重机型号最好一致，或者至少技术参数接近；需要根据被吊物高度和场地情况，计算选择扒杆长度和工作半径；起重机站位也非常重要，要保证起重机在整个吊装过程中均为后面或侧面吊装，且起重机作业时始终在额定工作半径以内；若水平吊装物体时，吊点应关于吊物重心对称。以上各方面如有不足，都会影响抬吊的展开。

图4.2.2所示为抬吊过程展示。

图4.2.1　双起重机吊臂接近情况示意图

图4.2.2　抬吊

（3）如遇台风，即使起重机处于停机状态，其吊钩也会受台风影响而左右摆动，有可能发生碰撞，因此需要保证起重机在静止状态下也是安全的。

图4.2.3　施工电梯

（4）当需要安装一台起重机的爬升框时，也需要其他起重机辅助吊装，这就需要起重机的临近距离在合适范围内。

综上所述，塔式起重机的位置往往要顾虑到很多因素，当采用BIM进行模拟运行时，往往能及时发现起重机位置、机型等方面的不足，起到更好地进行施工安排的作用。

2. 施工电梯

另外一种常见的提升机具就是施工电梯（图4.2.3）。施工电梯位置设置，需要综合考虑现场情况以及建筑物的布局情况，一般应考虑下列因素：方便材料运输的进出，在楼层平面布局中选择较为宽敞的房间作为进出口；电梯外场地尽量宽敞，有施工通道及材料堆场；

使施工材料在楼层中运距尽量最小，一般施工电梯位于房屋平面的中部；施工人员上下方便；设置在单体建筑伸缩缝交界处，单元之间的交通由电梯轿厢出口设置操作平台完成，这样相应减少了在伸缩缝处楼层墙体预留洞的留置。

而BIM技术不但可以针对以上内容进行平面布局上的优化，还可以结合施工进度，协调结构施工、外墙施工、内装施工等。另外，通过模拟电梯的物流、人流和进度的关系，可安排施工电梯拆卸、搭建的时间。

4.2.2　混凝土泵

想一想

当我们用混凝土泵来泵送混凝土的时候，输送管道是直的好还是弯的好？

混凝土输送泵又名混凝土泵，由泵体和输送管组成，是一种利用压力，将混凝土沿管道连续输送的机械，主要应用于房屋建筑、桥梁及隧道施工。目前，主要分为闸板阀混凝土输送泵和S阀混凝土输送泵。还有一种是将泵体装在汽车底盘上，再装备可伸缩或屈折的布料杆，而组成的泵车。

其种类按结构和用途分为拖式混凝土泵（图4.2.4）、车载泵和泵车；按动力类型分为电动混凝土输送泵和柴油动力混凝土输送泵。

由于施工现场狭窄，可泵送点选择有限，需综合考虑塔式起重机、场内交通、生活区环境等因素，确定合理的泵送点，明确泵管加固方式及附墙位置，确定裙房泵管分流位置，节约泵管，降低成本。

BIM技术在混凝土泵布置方面可进行的模拟有以下几个方面：

图4.2.4　拖式混凝土泵

（1）混凝土需求量的统计。混凝土需求量的统计可以利用软件建模，软件会自动统计混凝土的需求量。利用BIM软件进行统计时有两种情况：

一种是利用设计类软件出量，比如Revit，这类软件没有考虑到清单定额的计算规则，仅仅按图形实际出量，会造成软件计算与常规算量产生一定的误差。比如，我国计算规则一般是不扣除单个面积在0.3m²以下的孔洞的，而设计类软件则会根据实际情况扣除。经过研究统计，显示柱、梁、墙、板的误差率分别为−20%、−5%、+12%、

-0.1%，但是总量的误差不大，为-0.4%。也就是说，利用设计类软件计算的结果虽在各单项上误差较大（除板外），但总量仅比实际预算少了0.4%，相对比较准确。

另一种是利用预算类软件，比如广联达、鲁班等图形算量软件，这类软件都综合考虑了各省市的定额和清单的计算规则，计算结果十分准确。

（2）混凝土泵输出量的计算。BIM技术可以将不同的混凝土泵输送管进行分别建模，并可输入各项参数，同时利用统计功能，将数据输入Excel表格进行记录，就可以得出计算结果。

（3）混凝土泵的场地规划和浇捣方案。混凝土泵在进行布置时，首先，考虑场地道路的走向、宽窄，混凝土泵车的行驶路线，施工位置、堆场等场地布置细节，而这些都可以利用BIM技术进行模拟放置（图4.2.5）；其次，进行混凝土泵输送管的排布，利用BIM技术可以很方便地表示混凝土泵立管的分截，以及其与墙面的固定连接方式。

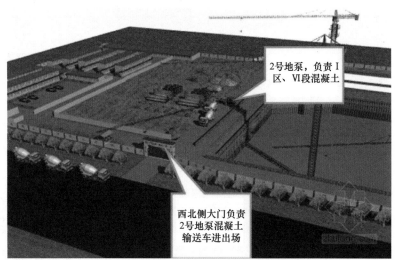

图4.2.5　混凝土泵BIM建模示意图

混凝土泵输送管，应根据工程和施工场地特点、混凝土浇筑方案进行配管。宜缩短管线长度，少用弯管和软管。输送管的敷设应保证安全施工，便于清洗管道、排除故障和装拆维修。

4.2.3　其他机具

　　我们在施工时除了上述两种机械，一般还会用哪些机械？这些机械在使用和布置时有什么要点？BIM能帮我们解决哪些问题？

其他常见机具包括打桩机、挖土机、除塔式起重机和施工电梯外的其他提升机具，这些机具在施工前可以利用BIM技术进行合理布置和安排，从而起到节约成本、减少工期、提高安全的作用。

具体来说，BIM技术在其他机具布置利用上主要体现在以下几个方面：

（1）平面规划布局。在常规方法中，机具布局往往在CAD等平面图纸上绘制，难以考虑到空间情况，而BIM技术能做到三维展示，可以比较直观地选择合理的平面布局方式。

（2）方案模拟演示。BIM技术能够将大型机械设备的参数进行设置输入，结合进度计划等进行施工操作的模拟，可以进行动画演示，演示过程详细。在演示过程中，就能展示机械在施工运行过程中可能出现的问题，甚至能展示机器的效能，从而为机械选择和施工方案的选择提供依据。

（3）协调进度。利用BIM技术进行进度设置，进度设置好后可以把资源、形象进度等综合考虑进来，在施工机具的选择上，也可以根据资源情况、形象情况来进行综合分析。

总之，利用BIM技术能够在空间和时间维度上事先展示机具使用情况，并能和其他维度如资源等相结合，使得机具的利用率达到最大。

4.3　物流线路设计

4.3.1　物流功能分析

想一想

当我们运输一些物品的时候，要注意哪些事情才有可能省时省力？

建筑施工企业的物流是指施工企业从支持生产活动所需要的原材料进厂，经储存加工、装配包装，到施工产品建成这一全过程的物料在仓库与施工现场之间的每个环节的流转移动和储存及有关管理活动，贯穿整个建筑产品生产过程，形成一个有机整体。

目前，建筑材料的物流成本主要集中在钢材、混凝土、大型器械等项目上，相应的物资的采购、运输、入库、仓储费用，因集中采购、现场场地不足而临时租用仓库、场地等原因而升高，物流活动的管理水平落后。

BIM技术在物流管理中的实际应用有以下几个方面：

（1）场地选择与运输路线优化。运输路线首先是根据场地来制定的，而路线合理与否不但关系到项目进度能否实现，也关系到物资是否需要二次运输。对施工企业而言，其关注的重点是如何平整场地，修整道路，合理设置施工机械，方便运输材料、设备的车辆入场，利于施工机械操作。

BIM技术以其卓越的信息集成功能与谷歌地图（Google Map）结合，可以快速调用场地周围环境信息，生成3D地形基础数据，继而进行场地环境分析，通过环境的模拟分析，结合路径优化的算法，迅速模拟生成适应场地环境的运输路线。其对建材、建筑设备的堆放位置和方法，也可进行优化，很大程度上避免物资二次搬运，为施工顺利开展创造一个良好的开端（图4.3.1）。

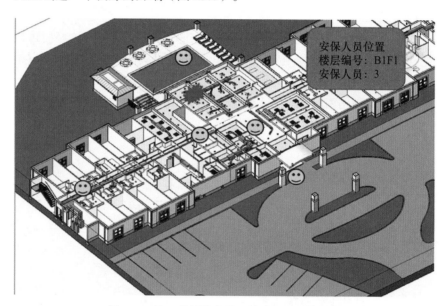

图4.3.1　施工现场储存及运输路径BIM模拟图

（2）准确采购计划的制订与物流成本实时监控。建筑企业传统的采购模式是根据项目的特点、施工进度的需要，购买项目建设所需要的物资。供需双方互相不了解作业计划、以利益为目标，建设项目的一次性、不确定性等，导致建筑原材料及设备采购的超前性、无规律性。企业在项目开始前即采购大量的原材料进行储存，这不仅增加了库存成本，而且使得对保存环境有较高要求的材料（如水泥、添加剂等）易因保存不当而受损，此外钢筋、铜线等贵重材料也需要专人看护，防止被盗，而这都将增加企业的人力成本。

BIM可以通过自动计算工作分解结构（Work Breakdown Structure，WBS）节点任务的成本，来精确控制建筑材料的用量，仓储保管、运输、采购、装卸搬运等物流活动的成本。其特点是随任务划分的调整、设计变更等，动态调整物流活动各项成本。相应资源根据动因变化，经由作业成本中心，被分配到相应产品或服务上。对物流成本的实时监控和调整，有助于更好地把握工程生命周期的物流成本，及时发现和解决计划成本与实际成本之间的差异，提高项目的成本控制水平。

（3）预制构件采购与长效供应机制的实现。现场作业是导致建筑施工过程环境污染的主要原因，也是导致建筑行业效率低下的一个因素。以前大量现场作业无法大规模使用先进机器设备代替人工作业，而合理使用预制构件则可以有效弥补上述不足之处，因此装配式建筑得到了国家的大力推广。

构件的生产商通常是项目的分包商之一，在中标后，负责某个系统或分部分项子项目，如钢结构构件、预制混凝土构件、幕墙系统等的设计、制造、安装。在中标后，生产商会提供详细的构件设计信息，并且多次审核，反复检查装配图与其他建筑系统是否冲突。而在传统施工中，则只能等到实际吊装才能发现构件设计是否合理，尺寸是否符合预留要求。一旦出现问题，往往造成巨大的时间、人力、财力损失。

BIM模型不是单一的图形化模块，它包括了从构件材质、尺寸数量、产品型号、生产厂家、产品价格等一系列信息。以结构为例，只需打开模型，截取画面，即可显示结构的各项尺寸，可将信息发送给选择的供应企业定制，避免了构件采购的尺寸错误，减少了材料浪费。

在国际物流日益发展的背景下，全球采购越来越多。工程预制构件不仅要预留充足的设计、生产时间，还要留下充足的运输时间，这就要求分包商充分理解设计方的设计图纸，且要求设计方尽量减少设计变更，施工方准确地按图施工，保证高效准确的施工质量，这对以人工审核、人工设计为主的传统施工过程是一个很大的挑战。BIM系统可以根据设计内容，自动创建预制构件的施工图、装配图，生产厂家可以从设计人员提供的BIM模型中，导出数据，大大减少反复编辑、反复更新数据的次数，不但提高设计工作效率，而且为构件的生产和运输留下更多的时间。与以往的数控设备不同的是，BIM技术除了包含建筑物的几何信息外，还包含物流信息，如建设生产的进度、产品生产系统的链接等。通过这种形式，可以有效保证预制构件的供货时间，提高各个分包商交接、合作的水平。

对于需求量较大的材料，则可通过实时建造模型，生成与进度计划相关联的材料和资金供应计划，并在施工开始之前与优选的供应商进行沟通，签订供货合同。既避免了因材料和资金不到位而对进度产生影响；又避免了传统模式下，生产经理根据进度计划和现场实际情况制订的精确到周的过量采购导致的库存成本、保管成本的增加。采购部门按照BIM模型设计的构件来制订采购计划和质量标准，BIM模型对细节的表达精准、清晰，容易实现构件的标准化定制与采购。这一方面可以降低库存、提高采购质量；另一方面BIM模型在库存数量、存货地点、订货计划、配送运输几个方面实现最佳组合，对于建立高质量、低成本、稳定的供应商合作机制和定期复审、考核评价、分类管理、动态披露的绩效考核制度，提高采购质量、降低采购成本、提高企业经济效益有着重要的作用（图4.3.2）。

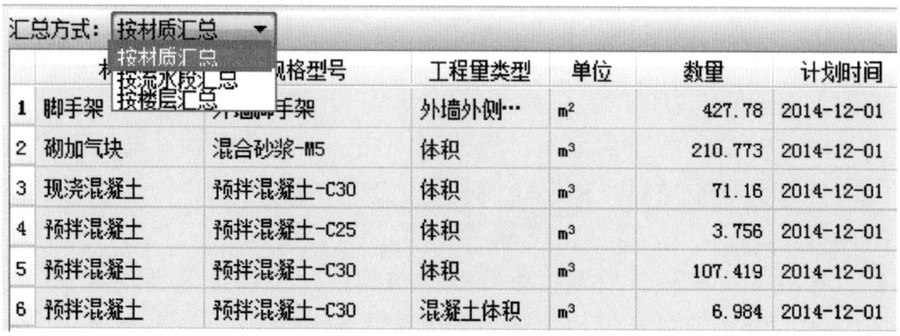

汇总方式:	按材质汇总 ▼						
	材料	规格型号	工程量类型	单位	数量	计划时间	
1	脚手架	外墙脚手架	外墙外侧…	m²	427.78	2014-12-01	
2	砌加气块	混合砂浆-M5	体积	m³	210.773	2014-12-01	
3	现浇混凝土	预拌混凝土-C30	体积	m³	71.16	2014-12-01	
4	预拌混凝土	预拌混凝土-C25	体积	m³	3.756	2014-12-01	
5	预拌混凝土	预拌混凝土-C30	体积	m³	107.419	2014-12-01	
6	预拌混凝土	预拌混凝土-C30	混凝土体积	m³	6.984	2014-12-01	

图4.3.2　BIM模型中量的导出

4.3.2　现场物流管理

想一想

　　在超市里，为什么商品后面会有一个条形码，它有什么作用？现在流行的二维码给我们的生活带来了哪些便捷？

4.3.2.1　材料用量统计规划

　　在传统的建筑业管理方法中，按时间节点、进度节点、部位节点、分包提量工作量大，增加了物资精细化管理的难度，因此大部分的物料都是进行毛估，并不会进行精细的用量统计和规划。

　　应用BIM软件系统多维查询功能，可按时间节点、进度节点、部位节点、分包提量，为商务预算、库存校核提供支撑，准确及时地为客户精细化管理提供可靠数据。

　　在BIM软件系统中，生产负责人可以应用BIM软件系统按流水、进度、楼层、专业等范围提取物资需用计划；预算员可以应用BIM软件系统复核物料需用计划；而物资经理可以按生产负责人施工范围、时间要求，应用BIM软件系统编制物资进场计划，用计划来组织、指挥、监督、调节材料的订货、采购、运输、分配、供应、储备、使用等经济活动的管理工作（图4.3.3、图4.3.4）。

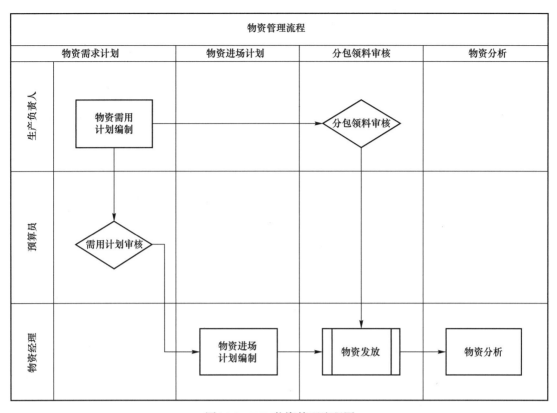

图4.3.3　BIM物资管理流程图

图4.3.4　BIM软件系统中按范围调出物资的方法

4.3.2.2　材料用量交底

由于BIM技术有可视化的特点，就可以利用三维模型加深施工人员对工程的理解认识，可以将BIM三维模型、CAD图纸以及下料单结合起来，做好用料交底。只有施工人员理解了设计思想，才有可能防止"长料短用、整料零用"，这样才能使材料得到充分利用，减少边角浪费，从而减少材料损耗量。

另外，在钢筋下料中，BIM能更好地帮助工人进行对比、理解，掌握具体方位。因为钢筋在不同构件或者同一构件的不同部位，其长度、形状都各有不同，具体都必须结合图纸和图集才能掌握，而BIM系统能将三维图形和各钢筋下料单很好地、直观地对应起来，方便施工理解。

除了常规的设计软件外，市场还有许多专业的钢筋算量和下料软件，比如广联达和鲁班的钢筋软件，软件能通过简单建模，进行钢筋翻样、钢筋加工、钢筋算量等工作。其中钢筋翻样功能通过"钢筋构造解析系统"准确诠释标准图集钢筋构造要求；钢筋加工功能对需要加工的钢筋自动进行汇总统计，生成钢筋加工单，同时，采用"智能筛"优化系统进行优化断料，大幅度降低钢筋加工损耗，提高经济效益；钢筋算量功能能在准确的钢筋下料数据基础上，自动进行钢筋用量明细、钢筋用量汇总和钢筋连接类型汇总等统计工作，用于工程的预算和决算，结果准确可靠（图4.3.5）。

构件位置：<1+25，D+1400><1+25，H−1399>								
1跨上通长筋1	Φ	22	330⌐ 5050 ⌐330	400−25+15×d+4300+ 400−25+15×d	2	2	5.71	11.42	34.078
1跨侧面构造筋1	Φ	12	4660	15×d+4300+15×d	2	2	4.66	9.32	8.274
1跨下部钢筋1	Φ	18	270⌐ 5050 ⌐270	400−25+15×d+4300+ 400−25+15×d	2	2	5.59	11.18	22.333
1跨箍筋1	Φ	8	550 250	2×（300−2×25）+ （600−2×25）+2× （11.9×d）+（8×d）	32	32	1.854	59.328	23.41
1跨拉筋1	Φ	6	250	（300−2×25）+2×（75+ 1.9×d）+（2×d）	12	12	0.435	5.22	1.36

图4.3.5　BIM中的钢筋下料导出清单

4.3.2.3　应用RFID技术进行物料管理

RFID技术又称无线射频识别，是一种通信技术，可通过无线电信号识别特定目标并读写相关数据，而无须识别系统与特定目标之间建立的机械或光学接触。条形码识读是一种常见的RFID技术（图4.3.6）。

在建筑系统物料管理中，RFID主要应用于以下几个方面：

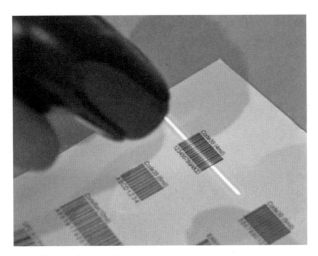

图4.3.6　条形码识读

1. 地下应用

许多建筑工地上，在同一坑道中布置着各种管道和电缆，相邻的坑道也需要确保安全，这时可以使用特殊的地下标签识别地下物体和相连的节点或控件，读取范围大约8英尺（2.44m）。将标签放入坑道，无论是为了维护、修理，还是只是为了避免开挖错误，均可以实现对基础设施的地下部分的精确定位。

对某些节点和控件，如阀门、开关位置等，也可在标签中加入传感器进行识别，无须挖掘或断开节点。

2. 商品混凝土养护

嵌入预压或现浇商品混凝土中的传感器和RFID标签可以为建筑公司提供有关水泥的实时、准确信息。

预压商品混凝土梁和其他结构部件必须在重压之前，得到完全养护。如果过早重压，很容易出现裂缝或过早塌陷。如果等待时间过长，就会占用养护地的空间，不利于生产。

在商品混凝土应用中，建筑公司需要准确预测水泥的状况。特别是对大型建筑而言，时间安排至关重要。目前各建筑公司正用传感器和RFID标签，确定特定区域"设置"的相对数量，然后加以推广。这样就确保了不同"浇筑缝"的适当粘接。

3. 布线

任何建筑物都会密集布置电线、电缆、管道和风管。即使最现代的建筑物也要不断升级电气、电话、数据和暖通空调系统。使用RFID技术可以以一种非侵入性的方式，加速特定材料的定位。这样可以准确识别线路，而不用移动很多天花板瓷砖，也不用阅读褪色的手写标签或依赖可能不精准的线路、管道、暖通图表，由此可大大简化维护、修理和升级过程。

4. 分段/调度

任何重大的施工现场，在用建筑材料之前，都需要将这些材料安排在分段地带。尽管这些材料不一定"走出视线"，但是要跟踪它们可能也是一大挑战，因为它们往往隐藏在数十个或数百个类似组件之中。

RFID标签可以识别出主要的结构零件及加热、通风、空调（Heating，Ventilation，Air Condition，HVAC）部件，控制装置和其他必须放置在特定地点的物品。升降机、卡车和其他设备上的读写器，可以在材料放置的地段读取标签，以确保快速检索并确认选中正确的材料。

5. 其他应用

建筑工程的分包项目通常较多，涉及土建、机电安装、装修工程和钢结构等。各个项目进出的相关人员较多，各类车辆运输频繁。RFID技术具有识别高速运动物体的能力，向施工人员和车辆分发RFID卡或钥匙标签供进出施工场地使用，人员和车辆出入无须停留，当其即将到达工地门口时，固定在门口处的读卡器将立刻获得信息并传送给ARM控制中心，由上位机进行比对，确认无误即自动放行。利用不停车出入管理，减轻了门卫的工作量，并大幅缩短了运输车辆的进出时间，加快了建设进程。由于RFID的智能安全系统可同时读卡，且具有防撞能力，故不易出现差错，只需配备一名门卫统筹负责。同时，使用RFID追踪系统来记录卡车到达和离开工地的情况，工作人员可迅速地了解项目的进展及其效率（图4.3.7和图4.3.8）。

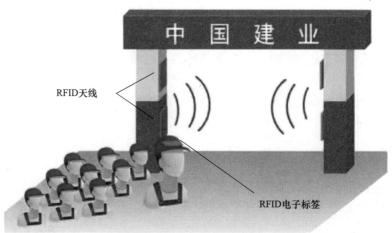

图4.3.7　人员射频扫描

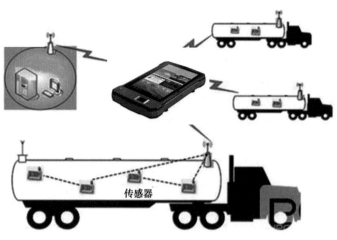

图4.3.8　车辆进出射频扫描系统

4.4　临时用房规划和人流分析

4.4.1　临时用房规划

根据《建设工程施工现场消防安全技术规范》（GB 50720—2011）中的定义，临时用房是在施工现场建造的，为建设工程施工服务的各种非永久性建筑物，包括办公用房、宿舍、厨房操作间、食堂、锅炉房、发电机房、变配电房、库房等。

除此之外还有些相关的设施，临时设施是指在施工现场建造的，为建设工程施工服务的各种非永久性设施，包括围墙、大门、临时道路、材料堆场及其加工场、固定动火作业场、作业棚、机具棚、贮水池及临时给排水、供电、供热管线等。

这些临时用房和设施设备在规划时，需要考虑到便利、安全等诸多因素。传统的方法难以动态反映这些用房设施的运行情况，而BIM技术则可以很好地展示动态运行情况。

4.4.2　交通人流分析

为什么我们的教学楼要做两个甚至三个楼梯间，楼梯间为什么分布在教学楼的不同位置，这些与什么有关？

1. 安全疏散存在的问题

施工环节作为建筑施工的主要环节，对不断扩大的建筑业发挥着巨大的作用，施工现场特有的工作环境决定了施工行业是一个危险性极大的行业，也是目前我国职业安全事故频发的行业之一。虽然国家和政府对施工安全的重视程度不断提高并做了很多努力，但由于市场不够规范，在事故发生时又不能快速疏散劳务人员或者对其及时实施救援，我国近几年建筑安全事故发生率和事故伤亡人数仍居高不下。

具体来说在疏散过程中，安全疏散存在的问题主要体现在以下几个方面：

（1）施工环境。施工现场在缺乏管理的情况下，就会出现材料随意堆放、电线私拉乱接等违规现象，造成场地布置混乱，这些都会成为逃生的障碍。

（2）通道楼梯。劳务人员在进出作业现场时必然会通过楼梯、施工电梯和行人通道，但是多数施工现场，其楼梯、行人通道甚至安全疏散通道的安全防护设施管理不规范，存在施工材料乱堆乱放的现象。一旦发生事故，施工电梯不允许乘坐，而存在诸多隐患的楼梯和通道就成为主要疏散路径，这大大影响了人们逃生的速度。在施工主体周围外脚手架拆除前，疏散出口较少，不利于劳务人员快速疏散，容易造成拥挤现象。

（3）消防设施缺失。施工场地外围设置的灭火器等消防设施时有缺失，一旦发生火灾等事故，室内作业的劳务人员不能及时使用消防设施控制火势，极容易造成火势过猛而严重影响施工人员的安全疏散，尤其地下作业环境，一旦发生毒气泄漏，没有有效的防护设施，就会大大缩短逃生允许时间。

（4）人员管理。在工作期间，很多施工单位不按要求定期组织安全管理培训，造成劳务人员的安全意识淡薄和安全知识匮乏，一旦遇到突发事件，不能高效地进行安全疏散。

 知识拓展

施工现场交通疏散方式

（1）水平交通疏散。在建筑主体上进行施工时，不同的施工阶段，其施工平面不同，如果是在二次结构施工阶段，其梁、板、柱已浇筑完毕，这时如果发生突发事件，劳务人员在逃离时，水平交通平面较为平整，疏散速度较快，但会受到施工主体内部已砌筑完成的墙体、施工器具、内脚手架和堆砌材料等障碍的影响。若在水平向构件（楼板、梁）等进行钢筋绑扎或者模板支护时，水平交通平面十分复杂，且可行走平面较为狭窄，一旦发生安全事故需要撤离时，劳务人员只能通过模板、钢筋等支撑物进行移动，这时疏散速度会大大降低。

（2）垂直交通疏散。正在施工的建筑物的垂直交通主要依靠楼梯和施工电梯，在发生突发情况时，施工电梯一般是不允许乘坐的，因此在紧急情况下，劳务人员只能通过楼梯进行疏散，在疏散时由于人数众多且较为集中，容易发生拥挤，发生危险。而如果发生火灾，火灾的燃起点在楼梯口附近或者楼梯被某些倒塌物堵死而不能通行，劳务人员可能会选择攀爬脚手架、外立面悬吊物或者施工电梯等垂运设备进行疏散，这种方式危险性较大，一旦发生断落，危险系数更高，因此要保证楼梯等垂直交通的通畅与安全。

2. BIM技术在安全疏散中的应用

到目前为止，最直接的安全疏散方法就是采取疏散演习的方式来获取数据，并针对疏散演习的情况制定一些预防措施，而安全疏散的计算机模拟研究主要集中在平面模型中，这些方法不仅耗费人力、物力，还存在失真的情况，模拟结果也不够准确。随着信息技术的不断进步，建筑施工行业也已进入信息化时代，BIM技术成为现如今研究的热点领域之一。其在安全疏散中的作用主要体现在以下几个方面：

（1）有利于优化施工场地布置，使场地布置更有利于疏散。施工现场环境复杂，劳务人员在安全疏散过程中有很多不确定因素，而通过BIM技术，则能够搭建一个尽可能真实的可视化施工动态场景，针对劳务人员的特性，进行安全疏散仿真模拟，将得到的结果进行分析，反馈到施工项目管理环节中，为施工现场的安全管理、进度优化、施工平面布置优化提供参考依据。

（2）有利于对员工进行疏散培训。在传统的安全疏散软件中所建立的疏散环境是比较单一的，并且建筑信息不完整，而通过BIM软件可以很容易建立起三维可视化模型，能够直接提供疏散过程中所需的施工环境，包括施工项目内部的设施部署、管道设备的安放位置、起火点及周围环境、楼梯及安全通道的位置等，能够在真实的环境中进行三维模拟，验证疏散的可行性。同时，还能通过BIM技术进行动态模拟，让人们快速了解施工环境，熟悉施工现场塔式起重机、钢筋、脚手架等构件在不同阶段的布置情况，方便人们疏散时快速逃离。

（3）可进行预警和监控。BIM模型是一种实时模型，能够利用与其他设备的关联随时提供建筑物当时的动态信息，还能监控人群流动、障碍物位置等。如果发生突发事件，BIM平台能够不断收集现场数据，更新信息，报告潜在的危险源和人员流动信息，以便于劳务人员及时撤离、合理疏散。

（4）安全疏散模拟系统疏散模拟。安全疏散模拟系统要建立在动态施工场景BIM模型的基础之上，以抽离出的BIM模型为特定的环境基础，模拟劳务人员逃生疏散情况。疏散模拟主体、疏散场所、疏散空间环境为疏散模拟基本架构。

①疏散模拟主体：包括劳务人员疏散人数、疏散速度、人员体征特性（年龄差别、性别比例、身高、体重）、突发事件发生时劳务人员所处位置及其逃生的行为模式。

②疏散场所：包括施工场地的面积，施工场地的布局，施工通道的长度、宽度、位置及数量，施工器械、材料等障碍物的位置。

③疏散空间环境：包括疏散场地类型、疏散指示标志的位置和数量、劳务人员的拥挤程度等。

Pathfinder是常见的可用于疏散模拟的软件，为了实现与BIM软件的兼容性，将抽离的施工场景片段以".DXF"格式文件完成模型格式转换，导入Pathfinder软件。当BIM模型导入疏散仿真软件中，并不能直接应用于疏散模拟，需要对其中的承载平面（楼板）、高低差通道（楼梯）、安全出口（门）进行识别，建立疏散场地模型。

接下来要进行参数设置。在疏散场景中添加智能体作为劳务人员，这时疏散人员数量依据不同施工阶段所需劳动力计划设置，人员分布以其工作实际位置设定，疏散人员的特性依据调查结果进行体征、速度、行为的设定。设定完成后，就可以进行人流疏散模拟。

基于BIM模型的三维动态疏散和疏散时间分析如图4.4.1和图4.4.2所示。

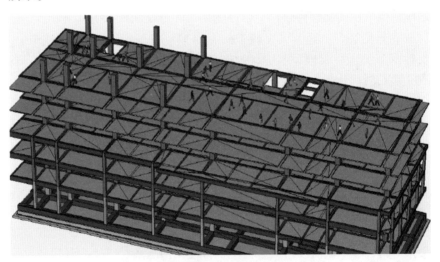

图4.4.1　基于BIM模型的三维动态疏散

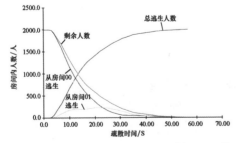
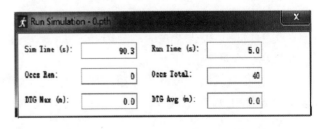

图4.4.2　基于BIM模型总的疏散时间分析

（5）施工进度优化。对劳务疏散时间过长的原因进行分析：若所编制施工进度计划所匹配的劳动力数量不够合理，应重新改进施工进度计划，延长这一工序的工作时间，减少劳动力数量；若疏散路径过于复杂，那就需要进行平面修整。

一般来说交通平面越复杂，劳务人员疏散的速度就越慢，此时不能为了追赶工期而无限制地增加劳动力，因为人员增多后，一旦发生危险，人们就很难在有限的时间内顺利逃离危险区。尤其现在高层建筑逐渐增多，劳务人员在疏散时需就更多的逃生时间，因此在制订合理进度计划的同时还要加强安全管理和防护措施，从根源上杜绝安全事故的发生。

4.5　广联达BIM施工现场布置软件介绍

想一想

为什么没有一款软件，既能做设计又能做预算还能模拟施工呢？

真正用于建设项目全过程临建规划设计的三维软件，可以通过绘制或者导入CAD电子图纸、".GCL"文件快速建立模型，内嵌所有施工项目的临时设施的构件库，拖拽即实现绘制，节约绘制时间。所有模型均为矢量模型或者高清模型，且模型都是仿真建立，且提供贴图功能，使用者可任意设计直观、美观的三维模型，可自动计算临建工程量，使现场临建规划设计规划工作更加轻松、更加形象直观、更加合理、更加快速（图4.5.1）。

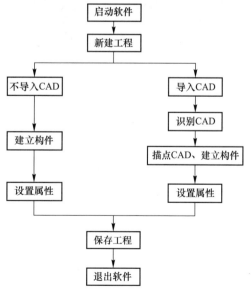

图4.5.1　施工现场三维布置软件整体操作思路

实训项目 广联达软件施工现场布置设计

此案例为广联达大厦主体结构工程，该工程以CAD设计图的总平面为绘制框架，配合环境现状规划施工总区域，根据施工经验布置现场构件。效果见图4.S.1。

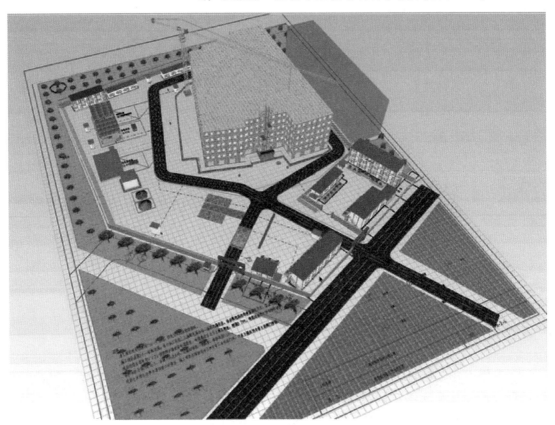

图4.S.1 广联达大厦现场效果图

按照软件的流程完成以下内容：
（1）快速布置。
（2）导入底图。
（3）快速绘制。
（4）详细参数设置。
（5）构筑物合法性检查。
（6）各构件工程量计算。
（7）业务布置。
（8）根据实际情况，符合基本施工平面布置原则进行绘制。
（9）各构件详细参数设置。
（10）构筑物合法性检查。

具体操作步骤按以下顺序展开：

（1）导入底图。

（2）绘制墙体和施工大门。

（3）绘制拟建房屋。

（4）绘制劳务宿舍、食堂、办公楼、库房。

（5）绘制材料堆场、加工棚以及施工机械。

（6）绘制塔式起重机、施工电梯。

（7）绘制道路及动力设施。

（8）绘制草坪与树林。

（9）其他设施的绘制。

（10）二维视图转换三维视图。

（11）构件合法性检查。

模块小结

BIM技术可以通过规划机械设备、临时设施等来进行施工现场的规划模拟和分析，在学习时主要掌握BIM技术是如何在施工现场规划方面进行应用的，另外还要分析了解BIM技术在施工场地分析方面到底有什么优势。

习　题

1. 如果两台塔式起重机比较接近，其吊臂在旋转的过程中，就有可能会发生（　　　）的情况。

　　A. 碰撞干扰　　　　　　　　　B. 掉落

　　C. 抬升　　　　　　　　　　　D. 摩擦

2. 施工电梯位置设置，需要综合考虑现场情况以及建筑物的布局情况，一般应考虑（　　　）。

　　A. 方便材料运输的进出

　　B. 电梯外场地尽量宽敞

　　C. 施工材料在楼层中运距尽量最小

　　D. 单体建筑伸缩缝交界处

3. 混凝土泵其种类按结构和用途分为（　　　　）。

    A. 压力泵
                B. 拖式混凝土泵

    C. 车载泵
                D. 泵车

4. BIM技术在其他机具的利用上主要体现在（　　　　）方面。

    A. 平面规划布局
        B. 方案模拟演示

    C. 协调进度
              D. 造价控制

5. 目前建筑材料的物流成本主要集中在（　　　　）等项目上。

    A. 砖
                B. 钢材

    C. 混凝土
          D. 大型器械

6. 借助于BIM技术，建筑企业物流管理意欲实现的目标包括（　　　　）。

    A. 强化供应商管理
    B. 优化物资采购

    C. 保持库存最小化
    D. 实现浪费最小化

    E. 及时、准确获取相关物流信息

7. BIM技术在物流管理中的实际应用包括（　　　　）。

    A. 场地选择与运输路线优化

    B. 准确采购计划的制订与物流成本实时监控

    C. 预制构件采购与长效供应机制的实现

    D. 对建筑施工项目进行施工资源动态管理

8. 施工资源动态管理主要实现（　　　　）功能。

    A. 记录数据
        B. 资源使用计划管理

    C. 资源动态查询与分析
    D. 共享数据

9. 应用BIM系统多维查询功能，可按（　　　　）提量。

    A. 时间节点
        B. 进度节点

    C. 部位节点
         D. 分包

10. 只有施工人员理解了设计思想，才有可能防止（　　　　）。

    A. 乱用
           B. 少用

    C. 长料短用
        D. 整料零用

11. RFID技术，又称（　　　　）。

    A. 扫描技术
        B. 无线射频识别技术

    C. 二维码技术
       D. 微信技术

12. 具体来说在疏散过程中，安全疏散存在的问题主要体现在（　　　　）方面。

    A. 施工环境
        B. 通道楼梯

    C. 消防设施缺失
      D. 人员管理

13. 易燃易爆危险品库房与在建工程的防火间距不应小于（　　　　）m。

    A. 5
               B. 10

    C. 15
             D. 20

14. 施工现场交通疏散方式包括（　　　　）。

    A. 水平交通疏散
    B. 垂直交通疏散

    C. 上下疏散
        D. 左右疏散

习题答案

1．A　　　2．ABCD　　3．BCD　　4．ABC　　5．BCD　　6．ABCDE

7．ABCD　　8．BC　　9．ABCD　　10．CD　　11．B　　12．ABCD

13．C　　14．AB

模块 5 施工进度规划与管理

知识目标

1. 了解进度管理基本概念，熟悉进度管理的方法。
2. 掌握装配式建筑施工进度管理的特点。
3. 熟悉基于BIM技术的进度管理系统构架。
4. 了解基于物联网技术的进度管理架构。

能力目标

1. 能进行施工进度计划的制订和控制。
2. 能够运用BIM技术进行装配式建筑施工进度模拟和管理。

知识导引

　　进度管理是项目管理的重要组成部分之一，直接关系到建设项目的经济效益和社会效益，具有举足轻重的作用。项目管理软件的应用能够提升项目进度管理水平，但目前，项目进度管理中仍存在诸多问题，且依靠传统方法和工具无法解决。BIM技术的提出和发展为项目进度管理提供了新视角、新思路。目前，将BIM技术应用于进度管理方面的研究较少、研究范围较窄，且部分研究成果理论性较强、实用性较差，不利于BIM技术在项目进度管理中落地。因此，探究BIM技术在项目进度管理中的应用思路，构建基于BIM技术且具有实际应用价值的项目进度管理方法就更加重要。

5.1 施工进度管理内容及传统方法

　　项目进度管理（Project Schedule Management）是指在项目实施过程中，为确保工期所必需的一系列管理过程和活动。目前在进度管理中存在一些问题，促使管理人员对传统理论进行更深层次的分析研究，逐渐完善以满足新的要求；另外，需要管理者把握形势，将新的理论与方法融入项目进度管理中。

5.1.1　进度管理概述

想一想

　　进度管理、质量管理、成本管理之间有什么制约关系？如大幅度压缩进度，将对项目的质量和成本有什么影响？

　　进度管理也称为工期管理，是项目三大管理目标之一，它与质量管理、范围管理、成本管理协同配合，共同保证合理配置项目资源、降低工程成本并且如期完成项目目标。进度管理是指在项目实施过程中，合理确定工作顺序并对各阶段工作的完成情况和最终完成时间做出一系列管理工作。在明确项目范围的前提下，采用科学的方法对所有工作及其相互之间的逻辑关系进行分析，在力求满足施工持续时间要求和资源配置约束的情况下，评估完成各项工作所需时间，最终使资源分配、项目进展和成本投入达到平衡状态的一系列管理过程，即进度管理。进度管理主要包括工序定义、合理排序、资源估算、工期估算、进度计划制订和控制六个方面的内容。

5.1.2　进度计划编制

　　编制进度计划能协助管理工作有序进行，它明确了所有工作的逻辑关系，并解决了在什么时间、什么地点、由什么人去做，怎样去做的问题。合理的计划是项目成功的必要条件，通过制订进度计划可以把所有要做的工作纳入控制范围从而取得活动效益最大化。进度计划编制的基本流程如图5.1.1所示。

　　编制科学的进度计划是保证项目成功的必要条件，目前常用的进度计划编制方法有横道图、关键路线法和计划评审技术等。

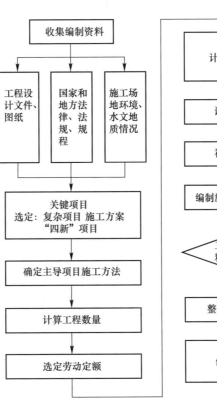
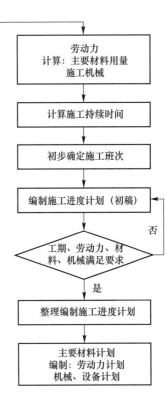

图5.1.1　进度计划编制的基本流程

5.1.3 进度管理中现存的问题

传统进度管理理论有详细的进度计划编制、进度计划控制方法，但在实际施工过程中依然会出现进度滞后、工期延误的状况，主要问题有以下方面：

首先，工程项目建设参与主体多、持续时间长，影响管理的因素较多。地理位置和环境因素、建筑材料、施工机械、施工技术以及管理人员的能力和素质等因素都会影响项目的进度管理，引发事前控制困难、管理无法到位的现象。

其次，进度计划缺乏灵活性。一般利用横道图、网络图配合P6（Primavera 6.0，项目管理软件）、Project（项目管理工具软件）等软件进行项目进度计划的编写，经过审批后直接用于进度管理。但由于影响因素较多，进度计划调整工作量较大，因而实际进展与计划脱节，其控制进度的效力逐渐消失。

再次，组织协调困难。项目参与方较多，项目顺利实施需要各方不断沟通、协调。但在现阶段的工程项目管理模式下，各参与方并不能实现无障碍合作。例如，供应商不能按期供货；划分施工段不科学，无法组织合理的流水施工；业主不能按期支付工程款等问题普遍存在。如果承包商不能及时协调解决，以上问题都会导致进度延误。

最后，工程进度、成本及质量之间难以达到平衡状态。三者之间互相制约又互相关联，压缩工期需要以高成本为代价，对项目人员的专业素质要求也较高；同时，匆忙赶工对工程质量也会造成一定影响。由于当前缺乏切实有效的技术和方法，很难使三者同时达到最优状态，易出现抢工期、增加成本、质量不合格、返工之后进度再次延误的恶性循环。

5.2 BIM施工进度模拟技术

知识拓展

建筑业是国民经济支柱产业之一。但是相比其他行业，建筑行业因生产效率相对低下、生产方式落后、管理经验欠缺而形成粗放管理模式，造成资源浪费；用于新技术研发的资金投入不足。据统计，企业用于新技术研发的投资仅占其营业额的0.3%～0.5%，而一般发达国家为3%以上，最高可至10%。建筑行业开始面临严峻的考验，迫使管理人员思考并寻求新的组织方式和生产方式。目前，BIM技术已经成为建筑行业最大的热点之一。BIM技术的发展突破了项目管理技术的瓶颈，它将传统的2D建造技术提升至3D的层次，从原来利用平面工程蓝图、2D报表传递信息升级到建立完善的工程项目数据库，很大程度上提升了数据信息的处理能力，为工程项目管理提供一个强大的支撑平台。BIM技术的不断发展使中国建筑行业面临着重大改革，各级政府逐步出台关于BIM技术应用的相关政策，并积极推广。

BIM技术引入国内至今已十多年，其良好的发展态势让整个建筑行业都认为BIM技术是实现智能建筑的必备手段，是未来建筑业发展的潮流和趋势。目前国内BIM技术还处于初级阶段，如何在项目实施中更好地体现BIM技术的价值，仍然是目前BIM研究的主要方向。本节从BIM的概念和基本原理出发，分析BIM技术优势以及它在大数据时代下的发展和应用。

5.2.1　BIM技术应用于进度管理的意义

利用CAD制图代替手工制图是建筑行业的一次变革，但它只是改变了图纸的绘制方式，并没有改变信息的表达形式。二维图纸携带的信息量有限，而且信息的表达形式非常抽象，这给施工单位识图造成了一定困难。随着CAD版本的不断更新，绘制三维模型的功能被推出，该功能支持的是绘制纯几何三维模型，不包含构件的工程属性信息，虽然这种纯几何三维模型与BIM模型都是三维模型，但有本质区别。BIM技术的重点在于模型中蕴含的信息以及信息的应用，相比传统的方式，BIM技术的优势在于以下几点。

1. 参数化模型

BIM模型是一个三维联动、结构化的数据库，所有与工程相关的信息经过数字化处理后都会按一定的逻辑关系保存在这个数据库中。参数化建模工具可以同时处理模型、图纸、图表，因为它们受后台数据库中的同一组数据控制。以创建混凝土柱为例，首次输入的截面尺寸为500mm×500mm，模型数据库就会记录该数据，假设后期修改了柱的截面尺寸属性，则该混凝土柱的外形会在模型视图中做出相应的调整，在工程量统计图表中混凝土体积也会随之更新，保持与模型视图的逻辑关联。三维数据联动是参数化模型的重要功能之一，它可以协调全局变化，使模型数据准确可靠、协调一致。

2. 贯穿项目各个阶段

项目的全生命周期包括策划、设计、施工和运营维护等四个阶段，每个阶段都由不同的单位完成，其形成的数字化成果是零散分布、彼此脱节的。BIM技术可以完全解决信息脱节的问题，利用参数化模型贯穿项目的各个阶段，整合、记录各类工程信息，从概念设计模型到竣工模型，BIM模型在保留原来信息的基础上不断被完善、细化，提高了信息的重复利用率，避免出现重复工作。

3. 精简人员配置

BIM技术的出现很大程度上改变了从业人员的工作方式。例如，施工现场依照职责不同需要设置施工员、安全员、质检员、资料员和预算员，分别负责管理工程进度、安全、质量、资料、成本等方面，协同工作保证项目的顺利实施。采用BIM技术后，以三维模型为基础的工程进度、安全、质量、成本管理可以同时进行，实现项目5D管理，使不同岗位有效沟通；同时对从业人员的专业素质要求也更高，从原来只负责项目某一方面变成对项目有全面了解。因此传统的项目组织架构不再适用，取而代之的是与BIM技术相适应的、精简化的人员配置方式。

知识拓展

据Autodesk公司统计，利用BIM三维可视化功能可以缩短50%～70%的信息请求时间，缩短20%～25%的各专业协调时间，缩短5%～10%的施工工期。由此可见，BIM技术在进度管理中有巨大应用价值：

（1）BIM技术能为项目进度管理提供一个信息集成平台，管理人员通过4D信息模型能够实时查询所有与项目进度有关的信息，减少各参与方之间的沟通与协调时间，提高进度管理效率。

（2）以BIM模型为基础，在三维视图中合理规划施工现场布置，能够及时发现平面和空间位置中存在的问题，达到提高施工效率的目的。

（3）基于BIM技术实现可视化动态模拟，通过直观的施工全过程模拟或者关键环节施工模拟，分析各施工方案的可行性，通过比较选出最优方案。

（4）支持工程量数据信息的即时查询，依据实际施工进度，提前准备施工材料，保证资源供给，避免进度延误。

5.2.2 常用BIM进度管理软件

基于BIM的进度管理以建模软件、进度管理软件作为技术支持。国内主流建模软件包括Revit、鲁班、广联达、Tekla等，进度管理软件包括鲁班MC、广联达BIM 5D、Navisworks等。

其中Navisworks是Autodesk公司面向多专业协调、碰撞检查和施工模拟开发的三维软件，是近年来应用较为广泛的BIM软件之一。

Navisworks的主要功能包括以下几点：

（1）三维模型轻量化处理功能。它可将合并后的多专业三维模型（包括土建、安装和钢结构模型）导入软件中并进行轻量化处理，降低了较大BIM模型对计算机资源的占用率，提高了软件应用操作效率。

（2）三维模型漫游。利用动态漫游功能观察模型内部的各个细节，能够对模型有更全面的认识，加深对项目的理解。另外，可实现碰撞校核。Navisworks支持硬碰撞校核、软碰撞校核以及随时间变化的构件碰撞校核。此外，通过自定义碰撞规则，对任意两个或者多个专业的构件进行碰撞校核。

（3）与Microsoft Project软件的协同作用。Project软件与Navisworks协同配合，完成计划任务与模型构件的对应关联即可实现动态施工模拟。根据导入的计划不同，施工模拟分为总体进度计划模拟、关键工序进度模拟和细部爆炸分析模拟。

5.2.3　BIM进度管理框架

前述内容分析了传统进度管理理论以及BIM基础理论，探讨了将BIM技术应用于进度管理中带来的价值，但这种应用是全面的吗？国内是否形成了一个完善的BIM应用体系？你认为基于BIM的进度管理体系的主要特点是什么？在此基础上试提出基于BIM的进度管理应用思路。

1. 项目进度信息采集

在目前的生产实践过程中，进度信息采集和施工监控需要依赖传统的手工方式进行，采用手工计算材料消耗量和人工消耗量，管理者要耗费大量的时间来等待和查找报告中的信息以此了解施工进展情况。这种工作方式导致施工数据信息的收集变成一种费时费钱并且容易出错的工作。对于进度信息的采集，除了利用人工跟踪的工作方式，还可以逐渐引进自动化数据识别技术，从而更快捷、精准地收集数据，如通过扫描二维码获取信息代替手工记录信息，能够迅速地将材料名称及消耗量传送到BIM系统。3D激光扫描技术是另外一种精准的数据收集方式，它是一种基于飞行时间（Time of Flight，TOF）技术原理的传感技术，通过向监测目标发送激光脉冲信号同时接收被反射的信号以此测出目标到测站点的距离，每个脉冲信号可以测量一个点，利用每秒发射的数千个脉冲信号能够采集大量的三维坐标点，形成可以区别构件形状特征的点云。

它利用专业软件实现点云的可视化呈现，并支持可视化环境中的交互式操作。引进激光扫描技术收集进度信息相比传统方法而言，其优点显而易见，它能够实现大范围内数据的远程采集，同时不受外界环境的影响，此外，3D激光扫描技术采集数据的精度可达到0.1mm。在完成信息采集工作之后，将所有相关数据存储于BIM管理平台，对数据进行整体分析以此监控项目进展情况，避免因信息不全而造成误判。

2. 进度计划分析

在项目实施阶段，为了实现目标计划，基于BIM技术的进度管理系统可以从不同层面提供多种方法全方位分析项目进展情况。

首先，进度情况分析。进度情况分析有三种方法：关键路径分析、里程碑控制点影响分析和进度模型对比分析。通过观察关键路径和里程碑计划并结合本次任务的实际完成时间，能够预测剩余的任务能否在规定的时间内完成；将移动终端记录的各关键节点的进度照片传至BIM管理系统，与按照计划模拟的三维模型进行对比，以最直观的形式检查进度偏差。同时，也可将采集的进度数据上传至BIM管理系统，以不同的颜色区别实际与计划进展情况，实现三维模型的对比，直观看出存在的进度偏差。

其次，资源情况分析。资源供应及分配情况是影响进度的重要因素。在实际工作中，项目进度计划能否顺利实施，在一定程度上取决于是否有足够的资源来满足计划需求，因此要综合考虑资源计划和获得每种资源的难易程度，如果所需资源数量超出了可利用资源的限度，则可调整计划以降低需求，也可通过消耗非关键路径上活动的浮动时间来解决资源协调的问题。在资源稀缺时，合理分配资源尤为重要，不同的资源组合的成本以及完成任务的工期也各不相同，给某个任务分配的资源越多，则需要的工期越短，但会增加成本，因此需要考虑资源的平衡分配。基于BIM的进度管理体系可提供资源分析概况、资源分析明细表分析在一段时间内资源的分配情况和使用情况。

最后，费用情况分析。进度与成本之间相互联系又相互制约，两者构成矛盾关系，在施工过程中必须不断控制进度，使其与成本之间能够协调发展，若实际进度信息表明项目可能会超出最初的预算，则要对项目进度计划做出适当调整，这样才能处理好两者之间的矛盾。基于BIM技术的进度管理平台能够生成费用明细表、费用多算对比表来评估当前成本和进度绩效的关系，也能以此预测未来的费用支出情况。

知识拓展 ✈

精细化管理主要在于"精"和"细"，强调细节的重要性。要真正实现精细化管理不能仅靠领导的力量，而是需要全员参与、各尽其职，在各自职责范围内做到

"精""专""细"。同时，与BIM技术相适应的精细化管理模式不仅仅要求管理的"精"和"细"，还要实现项目进度动态管理。因此，要破除传统的金字塔式组织结构，减少管理层次，增加管理幅度，建立一种反应灵敏、及时反馈信息的组织结构。

精细化管理涉及更多的细节，管理幅度扩大，而项目决策者的精力有限，不可能做到事无巨细，一部分决策权必然下放，避免发生由于缺乏专业知识而盲目指挥的现象。

由于管理层次的简化，项目的指挥链达到最短，使决策者与项目参与者有更多沟通的机会，协调问题也变得更简单，提高组织的运行效率。

5.2.4　BIM进度计划编制流程

1. 基于BIM的进度计划编制

进度计划指完成工作任务、提交可交付物，并按时完成项目目标的路线图。制订基于BIM技术的进度计划，必须明确各工序工期、工序间的逻辑关系，并合理配置资源、估算成本。

第一，估算工序工期。工序工期是完成一项工序的持续时间，估算工序工期是制订进度计划的关键步骤。利用工作分解结构对项目进行定义之后，要逐一估算工序工期，它不是单纯地依靠数学运算，而是要依据项目团队的工作能力及能够利用的技术人员、设备和资金等因素做适当调整。在建立工作分解结构之后，BIM模型的构件ID与WBS编码处于一一对应的状态，指定工序即可查询其对应模型的信息。因此，可以利用BIM模型提供的工程量信息，结合传统方法来完成工序工期的估算。

第二，建立逻辑关系。基于BIM技术的进度计划建立工序逻辑关系的方法有很多种，可采用网络图清晰地展现工序间的逻辑关系，也可采用横道图依据时间顺序表达逻辑关系。在确定工序间的逻辑关系后，即可完成网络图或横道图的制定，可以利用BIM系统对网络图或者横道图做可行性分析，并且可以查看选定工序的四维动态模拟过程。

第三，资源分配。基于BIM技术的进度管理体系能添加资源信息并且可随工期一起关联到对应构件，最终生成资源报表进而分析资源分配情况，避免出现资源分配不均、资源使用出现高峰或者低谷的现象。此外，依据资源、进度和费用等因素制订资源使用计划，进而实现对项目的全面控制。

第四，成本估算。BIM系统支持项目成本估算，各项工序的成本、相应资源能够与模型中的构件保持关联状态。利用BIM系统生成的资源与费用分析表、费用控制报表、成本挣值曲线等比较实际费用和预算费用，监控项目资金支出。同时，如果长期跟踪并记录这些数据，即可以依靠项目过去的资金支出情况来预测未来趋势。

2. 进度计划的三维表达

基于BIM技术的进度计划和控制体系实现了共同管理的目标，业主单位能够随时获取进度方面的信息以增加对项目整体把控的能力，因此需要为业主单位制订一种更加简单清晰、容易了解全局的进度计划。这种形式的进度计划以总体计划为依据，在BIM平台中运用可视化的全局漫游方式，制作包含项目所有里程碑节点的视频文件。此种形式的进度计划经过渲染软件处理之后能够以最真实的方式展示项目进展情况以及竣工后与周边环境的协调性，使业主单位对建设项目有一个全面了解。

面向施工人员时，基于BIM技术的进度计划所要达到的目的是能够让一线施工人员理解设计意图，清楚各项工作的施工工艺及施工顺序。传统形式的施工顺序表达一般是采用横道图，在相对复杂的项目中会采用网络图，但这两种都属于二维表达方式，不够直观明了，且没有涉及施工工艺。建设项目各不相同，其施工工艺也千差万别，如果在施工之前没有对施工工艺进行详尽的说明，则可能造成返工。因此采用局部施工工艺可视化培训是向施工人员表达施工意图的必然选择。

基于BIM技术的进度计划相比利用横道图、网络图等传统方法制订的进度计划，其可视化模拟的优点不言而喻。在项目实施过程中，采用可视化仿真模拟的方式可以让全体参与人员快速明确自己所要从事的工作。对于复杂的大型建设项目，总体进度计划的可视化模拟在向施工人员传递信息的时候并不能面面俱到，因此在一些关键工序施工之前需要制订一个详尽的计划，即通过拆分模型制作爆炸分析图，以此来协助具有一定施工经验的技术人员对施工人员进行事前培训、施工中指导，更好地发挥BIM技术在项目中的应用价值。

5.2.5 基于BIM软件的施工进度模拟

基于Revit、Microsoft Project、Navisworks的进度管理应用方案集成了目前国际主流的BIM建模应用软件。我国的建筑行业规则有别于国外建筑业，这造成了Revit、Microsoft Project、Navisworks等国外BIM软件构建的进度管理方案在国内工程实践中会遇到诸多问题。即便如此，该软件在项目进度管理中仍有较多可取之处，本节分析提出该进度管理应用方案的实施流程，解决其在项目应用中遇到的问题、弥补不足，最终实现其应用价值。

1. 方案实施流程分析

该方案的4D进度计划模拟以Revit的三维可视化模型作为基础，

通过Navisworks软件编制项目的进度计划或者导入Microsoft Project编制的进度计划，并使计划与模型构件一一对应，最终创建与项目进度有关的、与施工图纸一致且可计算的信息模型。由此形成的4D模拟施工完全能够在虚拟现实的环境里体验所设计的项目，更全面地验证和评估所制定的进度方案是否符合施工要求。基于Revit、Microsoft Project、Navisworks的进度管理方案的应用流程总结如图5.2.1所示。

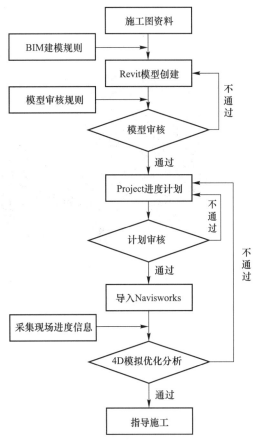

图5.2.1　基于Revit、Microsoft Project、Navisworks的进度管理方案应用流程

2．构建Revit三维模型

BIM模型是研究进度管理应用方案的基础，BIM模型包含大量的工程相关信息，可以为工程提供巨大的数据支持，为不同层级的管理人员提供项目管理工具，支持科学决策。

3．数据输入

Navisworks软件的进度计划模拟为施工提供一个可视化的虚拟环境，结合施工进度计划、工程量计算、资源配置、场地布置等项目管理基础数据，对现场施工起到指导作用。例如，将体育馆项目Revit模型数据和Microsoft Project进度计划数据集中于Navisworks，为后期进度方案模拟做好准备工作。Navisworks与Revit为同一系列的软件，数据输入完全相通，并且软件自身具有轻量化处理功能，能对信息量巨大的Revit模型进行轻量化处理，使得模型文件体积大大减小，更易于可视化进度模拟和漫游视频的制作。另外，Navisworks留有".mmp"格式的数据接口，可以完全识别Microsoft Project数据。

4．施工模拟成果表达

项目施工的所有活动都与时间相关，进度计划即从项目开始施工到竣工验收为止的全过程规划，它需要根据合同工期统一安排，也需要大量的数据（图纸、设计变更、施工方案等）为基础，而BIM技术的优势是对工程量的实时统计，及时体现工程变更对进度的影响。基于Revit、Microsoft Project、Navisworks的进度管理应用方案以BIM模型作为支撑，增加进度时间轴，动态分析项目施工进度（图5.2.2）情况，从而达到对进度计划进行合理性分析和优化的目的。

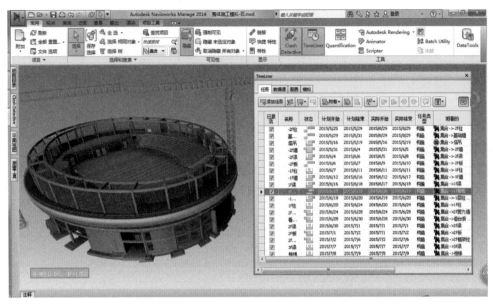

图5.2.2　基于Navisworks的BIM进度计划分析

Navisworks可以完全识别Microsoft Project编制的进度计划，导入数据并与模型关联，实现四维可视化效果，清晰地表达出进度计划与项目当前进展情况的关系。同时，利用现有的数据信息实现三维模型的实时漫游，在真正施工之前即可达到可视化、漫游体验的目的，进而达到细致检查施工进度计划，提高管理人员对施工计划的认识度与协同工作效率的目的。

 知识拓展

基于Revit、Microsoft Project、Navisworks的进度管理应用方案在体育馆项目施工可视化模拟过程中有以下几点问题：

（1）在Revit建模之前首先依据体育馆项目施工图纸建立复杂截面构件的族文件（如曲面弧形墙族、泳池溢水沟族等），为后期建模做好准备工作。自定义族构件可以在本项目模型中重复使用，也可载入到其他项目中使用。

（2）体育馆项目Revit模型不包括钢筋模型。Revit是国外BIM软件，不支持国内钢筋平法标注，所以使用Revit建立钢筋模型的工作量巨大。此外，由于钢筋包裹在混凝土中，在进度模拟时即使将钢筋模型与计划时间关联也无法实现施工过程可视化，只有在做复杂节点施工可视化模拟时才有必要建立钢筋模型，所以本项目在整体进度模拟时并没有建立钢筋模型。

（3）导入的Microsoft Project进度数据可以在Navisworks中做适当调整来满足实际施工要求，在手动添加进度计划时必须输入任务名称、开始时间、结束时间，并且将任务类型设置为"构造"类型。

（4）在Navisworks中编辑数据源时，在选择器中选择对应显示的外部字段名称，此时需要内部和外部字段处于一一对应状态，然后在数据源上选择重构任务层次，即可在任务选项卡中生成进度信息。

（5）在进度计划和模型关联时，需要使用"选择树"功能集中选择，而不是叠加地去点选或框选。但如果进度计划编辑过细，"选择树"功能不足以提供与进度计划相对应的选择集时，模型关联工作就会比较烦琐，会造成关联错、关联漏等问题。

5.3　基于BIM技术的进度控制分析

在实现BIM 4D模型系统的基础上，基于BIM技术的进度控制与传统进度控制的思想和原理是一致的。BIM技术是一种以传统进度控制理论为基础和纲领的高效管理技术和方法。BIM技术在进度控制中提高了管理的效率和效益，并没有改变进度管理系统的职能和任务。基于Navisworks平台的BIM 4D模型，为后续具体的进度控制提供了技术支持，并拓展了BIM技术在施工进度管理中的深度应用。图5.3.1是BIM技术在进度控制各个阶段和角度的应用框架图，所有的应用信息和功能都可以通过BIM 4D模型信息平台提供，使得进度信息管理规范化、进度信息更新实时化和进度管理过程可视化。

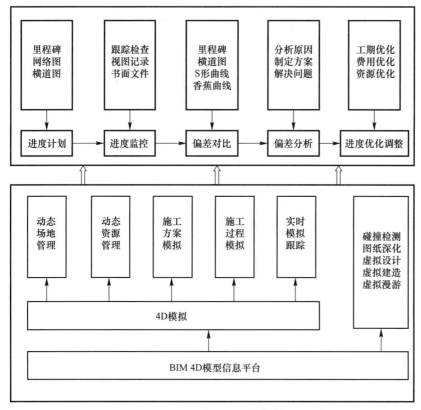

图5.3.1　基于BIM 4D模型的进度控制应用框架

5.3.1　基于BIM技术的进度控制与传统进度控制对比

1. 传统进度控制存在的问题

建设项目的进度控制是在动态的环境中进行的，所以基于BIM技术的进度控制应该是一个动态的过程，应具体包括项目进度目标分析与论证、进度计划的编制以及进度计划的监控、偏差分析和优化调整。每个过程都会产生大量的信息，这是进行进度控制的实时依据和动态资料。而在组织和管理信息时传统进度控制存在的问题主要有：

（1）所依据的资料较多，信息量大，进度信息搜集难度大。

（2）主观性强，进度管理过程信息无规则。

（3）不利于规范化和精细化管理。

（4）网络计划的表达方式抽象，不利于外部交流和实时跟踪。

（5）信息的静态性。

（6）不同参与方之间信息变动的异步性。

2. 基于BIM技术的进度控制的优势

基于BIM技术的进度控制能够非常有效地组织和管理信息，且表达方式形象直观。与传统进度控制相比，基于BIM技术的进度控制的优势主要有：

（1）动态可视化与模拟化。

（2）建设阶段的连续性。

（3）不同主体的共享性。

（4）信息获取自动化、规则化。

（5）进度控制的动态同步化。

（6）信息表达规范化和精细化。

在实际工程的进度控制流程里，编制进度计划的过程是由宏观到微观，并根据监控信息不断调整和实时动态优化的过程。在这个过程中，要综合考虑计划的经济合理性、技术可行性和资源投入的合理性。当下级计划执行出现异常时将直接影响上级计划，所以每项任务的进度计划都要在可控范围内。

5.3.2　基于BIM技术的进度监控

在实际施工过程中，由于参与方众多、工程本身复杂和外界环境的变化，项目进度不可控的风险就有很多。工期或资源失控的案例屡屡发生。在编制完施工进度计划后，施工时还要不断地对实际进度进行监控，并与进度计划不断比较，及时发现问题并纠正偏差，根据实际情况不断动态调整和优化进度计划，保证进度时刻控制在计划之内。基于BIM技术的进度监控具体方法主要有以下几种。

1. 创建工作跟踪视图

基于BIM技术的进度监控可以根据实际情况为每一项流水施工任务生成实时的进程视图，这些视图可以标注总控计划、任务执行者、责任者、提醒事项和任务交接等信息。基于BIM技术的进度管理系统还可以为进度管理人员生成各种报表、横道图、网络图、4D模型、5D模型、S形曲线和资源曲线等多种形式的跟踪视图，以便全方位地进行进度的控制。监控视图也可以以".XML"的格式（可扩展标记语言）通过网页直接传递给需要的工作人员。

2. 实时动态联动更新进度信息

实时动态联动更新进度信息是基于BIM技术的可视化、信息实时动态化和规则化的特点产生的。BIM技术在工程管理领域的深度应用，将大大改善项目管理的效率和效益。基于BIM技术的进度监控是进度偏差分析、进度纠偏的前提，进度监控贯穿整个施工过程，为进度偏差分析和优化整合了大量的关键数据和信息，是整个进度控制的基础。

在进度监控过程中，如需调整模型或计划都可以通过BIM 4D平台返回到实体模型或进度计划文件中去修改编辑；同时，如果监控过程中模型和进度计划出现变化也可以同步更新到BIM 4D平台，实现进度信息的实时动态联动修改和更新。

3. 任务计划与责任人信息即时关联

在BIM 4D平台对进度数据进行编辑时可以为每项工作任务指定对应的责任人，并可以将此信息和进度计划永久保存到平台数据中。

4. 设置实际任务延迟或提前对应的模型状态颜色

在以工作任务的实际时间参数进行施工模拟时，为了更方便地观察到任务是提前或延迟，可以在BIM 4D平台设置实际任务延迟或提前对应的模型状态颜色。这样在比对计划进度和实际进度时就一目了然。

5. 与历史工程案例库对比

基于BIM技术的进度管理系统可以收录类似历史工程的进度数据，方便进度管理人员实时与历史案例库进行对比，参考以往的进度管理经验和总结进行管理决策。

6. 查看与模型链接的施工日历

在施工进度管理过程中，可以每天以与施工任务对应的3D模型为载体创建施工日历，与模型一起保存到BIM 4D系统。这样就建立了与模型相链接的施工日历，当查看已完工任务对应的模型时就可以更具体地了解其历史施工信息，当出现问题时，也可方便查找原因。

7. 扫描实景与模型对比

随着激光扫描技术在工程中的应用，管理人员也可以在进度监控时运用3D扫描技术扫描已完工程并与计划模型进行对比。这样就大大节省了实体工程量的统计和确认时间，能更高效地进行实际进度与计划进度的对比，实时进行进度监控。

5.3.3　基于BIM技术的进度偏差分析

进度偏差分析是整个进度控制的核心工作，通过进度偏差分析才能发现影响进度的具体原因，才能更有针对性地采取相应的解决措施和方案。

在施工进度管理的过程中，根据进度跟踪监控结果，工作人员需要将施工任务的计划进度与实际进度情况进行对比，分析进度偏差产生的原因。基于BIM 4D平台的进度管理系统不仅能够从总进度计划、单项工程施工进度计划、分部分项工程进度计划的每个层次进行进度偏差分析；还能够生成资源、费用与进度的关系曲线图，为用户提供实时的多维度数据信息并对计划与实际进度进行全方位偏差分析，用于后续工期的合理调整和优化。以下分别从项目进度角度、资源角度与费用角度对进度偏差进行分析。

1. 从项目进度角度分析

对任务进度的开始时间、结束时间与计划时间进行对比分析是最直接的方法。从进度角度直接分析的内容主要有计划进度与实际进度对比分析、施工关键线路和关键工作分析、里程碑任务进度对比分析。常用的进度分析方法主要有甘特图法、施工网络图、进度曲线分析法和模型对比分析法等。这些分析的内容只能从表面揭示进度提前或延迟的状态，并没有分析出引起进度偏差的原因，这就需要从与进度相关性最强的资源和费用进行进度偏差分析。

2. 从资源角度分析

在施工过程中，任务进度的完成比例往往不易直接确定，而一定的任务进度与任务所耗费的资源是相关的。这就可以从资源的角度去分析进度偏差。从资源角度分析是指利用BIM 4D平台按计划进度和实际进度计算和统计其资源消耗量，从进度与资源的关系曲线中寻找进度偏差的异常点。也可以检查任务的资源分配是否均衡合理。在BIM 4D系统平台中，进度管理人员可以从施工任务资源分析报表、资源分布统计直方图、资源需求供应曲线中进行任务的偏差对比分析。

3．从费用角度分析

在进行施工进度管理过程中，进度目标和费用目标密切相关。通常加快施工进度，工程的直接成本会就随之增加，而间接成本会降低。如果工程实际进度虽然提前，但是总成本却超出预算费用，也需要对后续的进度计划做相应的调整，达到进度与费用的综合效益最优。基于BIM技术的进度管理系统可以生成连续的进度费用曲线图，通过分析费用投入异常情况来分析进度的偏差。

5.3.4　基于BIM技术的进度优化调整

进度优化的目的是保证进度管理的效益最优，这是进度管理的关键。进度优化的种类主要有工期成本优化、资源有限工期最短优化和工期固定、资源均衡优化。在进行进度偏差分析后，管理人员要根据进度偏差的实际情况采取针对性的纠偏措施来调整进度计划。例如，当进度延期时，可以增加资源数量，增加工作班次，改变施工方法，组织流水施工和采取技术措施。若进度偏差过大，就需根据进度目标调整进度计划。

根据BIM技术的可视化和集成性特点，通过施工方案模拟得到利于进度的优化模型并直接更新到BIM 4D平台，或直接将相关数据导入基于离散事件模拟的进度优化系统，通过对各项工序的模拟计算，得出工序工期、人力、机械、场地等资源的占用情况，对施工进度计划进行优化。

从前面内容分别对传统进度计划、传统进度控制与基于BIM技术的进度计划和进度控制的比较分析可以看出，基于BIM技术的进度管理最大的优势就是可视化的施工模拟和进度信息的动态联动修改。与传统进度管理相比，基于BIM技术的进度优化调整有以下几种优势。

1．从BIM 4D进度管理平台直接返回模型

当进度纠偏需要对模型进行修改或查看时，工作人员可以直接从BIM 4D平台返回到对应任务的模型构件或构件集中。在对模型修改后，其对应的平面图、立面图、剖面图以及详图全部自动更新到最新模型，无须人工逐一修改。当需要查看对应模型时，也可以从其3D模型直接锁定到对应的平面图、立面图和剖面图。

2．增减工作任务进行模拟

当进行进度偏差分析的结果需要增加或减少工作任务时，基于BIM技术的进度管理系统可以根据增减任务后的进度计划进行可视化进度模拟，用来验证进度目标。当进度目标不满足时，可以在进行增减工作后继续进行模拟，直到满足进度目标。

3．调整工作逻辑关系进行模拟

当进度偏差分析的结果显示需要调整工作任务的逻辑关系时，基于BIM技术的进度管理系统可以根据调整工作任务逻辑关系后的进度计划进行可视化进度模拟，用来验证进度目标。当进度目标不满足时，可以在调整工作逻辑关系后继续进行模拟，直到满足进度目标。

4．调整工作时间参数进行模拟

当进度偏差分析的结果显示需要调整工作时间参数时，如调整工作的开始或结束时间、调整工作的持续时间等，这可以在BIM 4D平台输入相应的时间参数根据调整后的进度计划进行可视化进度模拟，用来验证进度目标。当进度目标不满足时，可以再次调整工作开始时间或持续时间后继续进行进度模拟，直到满足进度目标。

5.3.5　基于BIM技术的进度管理后评价

在项目竣工验收合格后，项目第三方可以对利用BIM技术进行进度管理的效益、目标、执行过程和影响进行项目的后评价。这不仅是对BIM技术应用于工程的一个公平检验，更是BIM技术应用的经验总结以及试点推广的必要措施。只有通过项目后评价才能知道进度管理中BIM技术的优势在哪里，才有在整个行业推广的根本动力。

基于BIM技术的进度管理后评价，其优势包括进度计划准确性、便捷性以及进度控制的高效性。第一，与传统进度管理不同的是，项目完工后，所有在进度管理过程中的重要信息都能以文档、图片、视频的形式保存在BIM平台，并能与很多专业软件进行信息传递，评价专家可以方便地从BIM平台调取信息进行指标分析，评价结果也更具说服力；第二，评价人员可以直接观看三维模型的施工过程模拟动画，形象地了解整个建造过程，方便与进度计划和设计模型对比；第三，通过与专业的进度管理软件结合，如鲁班BIM、广联达BIM等，可以生成进度、成本和资源报表，进行多维度的评价；第四，对于一些后评价较高的项目可以方便地做成视频案例进行推广学习，如创新的施工工艺模拟、标准施工过程工序模拟、复杂施工方案模拟等，这些都有利于整体提高施工人员的专业素质和促进BIM技术的推广。

知识拓展

对工程项目施工过程的进度管理后评价，不仅包括施工单位的行为，也包括建设单位、设计单位、分包单位和监理单位等的协调行为。基于BIM技术的进度管理平台正是一个协同工作的平台，一个信息共享与集成的可视化平台。这些都为各参与者提供了方便、快捷、高效的沟通平台。进度管理事后评价不仅对施工方有好处，而且对所有参与方都有极大的价值和效益，让他们懂得只有协作才能共赢，共赢才能不断地主动寻求协作，这正是BIM技术所倡导的开放、共享、共赢理念。

5.4　基于物联网与BIM技术的进度控制

5.4.1　进度管理中的BIM与RFID结合

在设计阶段基于BIM建立的三维建筑信息模型就可以检查建筑、结构、设备等专业之间的碰撞，准确、快速、全面地查找设计中的错误，减少由此产生的设计变更。同时还可以根据制订的施工进度计划对施工方案进行模拟、优化，对施工关键部位、关键环节、现场平面布置等施工方案进行模拟分析，提高进度计划和方案实施的可行性和安全性。BIM模型可以很好地集成信息，而RFID技术能够胜任进度信息的采集工作，BIM和RFID整合起来，RFID将采集到的实时信息传递给BIM模型，进而在模型中表现出实际与计划的进度偏差程度，这样就创造性地解决了实时跟踪和控制这一进度管理的核心问题。

BIM与RFID相结合的优点很多，其信息量丰富，传递速度快，减少人工录入信息产生错误的可能性，如进度检查、构配件或设备进场检查时，无须专人亲临现场，只需设置固定的阅读器，读取RFID数据即可实现采集数据。

5.4.2　基于物联网和BIM的施工进度管理

建筑物的前期规划、设计、施工、运营维护等每一个阶段都不是独立存在的，而是需要依赖其他阶段进行信息交换并实施管理，如施工阶段必须依赖设计阶段的信息才能进行施工。信息的收集、存储方式应该方便快捷，方便利益相关方有效访问这些数据信息。

在BIM模型和RFID标签中添加结构化的数据，使得管理者能够准确及时地获取相关信息，提高进度管理效率和水平。目前来说，对所有构件添加RFID标签的构想不太可能立刻实现。如果想在项目中使用这种RFID标签，必须根据项目的类型、规模以及构件的价值等标准对需要贴标签的构件类型进行甄选。

在这种数据交换的构想中，为了得到进度的相关信息，需要在建造期间给目标构件贴上标签，扫描对象的关键时间点的信息，同时将标签信息进行存储，存储好的数据可以被修改，以适应系统的要求。在BIM数据库与不同的应用软件对接时，运用应用程序编程接口（Application Programming Interface，API）实现RFID标签中的数据与BIM数据库中的数据信息之间的读取，以上不同程序间数据相互作用的程序体现在图5.4.1中。在设计阶段将构件的RFID编码信息作为建筑物信息的组成部分添加到BIM数据库中。

图5.4.1　系统交互设计

多专业协同工作提供解决方案是BIM平台的宗旨，要实现这一功能需要提供通用的应用程序编程接口。以Express描述语言进行表述的工业基础类（Industry Foundation Classes，IFC）标准不能用于直接编程开发。IFC数据以字符串的格式保存并存储于数据库表格中。用户想要对存储于数据库中的IFC数据编程扩展，需要系统地对其进行封装，提供统一API。通俗来讲，为了实现庞大复杂的系统常常需要将复杂系统划分为若干个小的组成部分，API就是软件系统不同组成部分相互衔接的约定。BIM模型的API为用户直接提供编程操作，这些操作的对象是构件、实体、IFC模型，用户就不用处理IFC标准复杂实体之间的关系，而是根据专业应用需求进行程序开发。

RFID标签的内存是有限的，因此不能将所有的构件相关信息都存储其中，需要结合实际挑选。构件进入设计、施工、维护等不同的生命周期阶段，构件上标签中的数据也应该随之变化。为了使权限不同的数据和与之相对应的软件能更好地进行匹配，依据不同的功能结构划分标签内存以配合不同类型的数据是十分必要的。对RFID标签的内存空间划分如图5.4.2所示。

（1）编码字段。必须给每个构件设置唯一的标识符，构件和标识符是一一对应的，不存在一对多或多对一的情况，这样在数据库中查找构件才能快速、简便。

（2）规格字段。生命周期的不同阶段，构件会衍生出其他一些相关信息，如设计和建造过程中产生的有害物质信息和与安全相关的信息的规范标准。

（3）状态字段。该字段表征了构件当前所处的阶段和子阶段。例如，构件是在设计阶段还是在施工阶段，抑或是在运营维护阶段，而每个阶段也是一个过程分为不同的子阶段，如是这一过程的开始阶段还是结束阶段，如施工阶段的浇筑过程，可以分为开始浇筑、完成浇筑。不同的状态对应不同的应用程序，不同的应用程序对应不同的状态字段中数据使用和修改的权力。

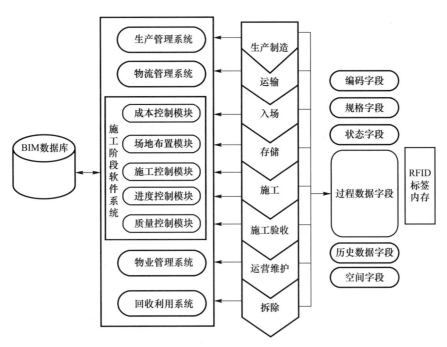

图5.4.2　RFID标签的内存空间划分

（4）过程数据字段。过程数据字段用来存储构件与当前阶段有关的具体信息。随着生命周期不同阶段的变化，构件标签上存储的当前阶段的信息也应该随之改变。不同的指令只会出现在某一状态，如浇筑指令只会出现在施工状态。过程数据字段只包含构件目前所处的生命周期阶段的相关数据信息。过程字段的读写、更新的权限，应局限于某一相关特定阶段的应用程序中，如构件的实际开始、结束施工时间等进度数据的管理权限只能在进度管理模块。状态字段决定了过程字段的权限。

（5）历史数据字段。历史数据字段用来记录施工阶段之后的运营维护阶段的信息，设备已维修保养次数、下次维修时间等信息均属于此类型。

（6）空间字段。空间字段主要存储构件、设备的空间位置相关信息。

5.4.3　构件编码体系分析

为了在工程结构复杂的状态下保证施工项目进度管理过程追踪构件的准确性，每个待追踪的对象都需要编制专属的编码。必须一个编码对应一个构件，并且编码中需要附带待识别构件的位置信息。管理人员不仅能够通过系统自动采集构件的编码信息从而获取整个构筑物的进度信息，还能够从RFID编码中直接读取构件的位置信息。

1. 编码原则

（1）唯一性。唯一性是指每一个构件具有唯一的代码，而一个代码也只能标识唯一的构件，构件和代码是相互对应的关系。如果两个不同的构件用同一个代码表示，系统将会自动将他们识别为一个构件，认为编码有误并且做出剔除多余信息的优化处理。一个错误就会导致整个编码体系都紊乱失效。由此可见，唯一性原则是所有原则中尤为重要的。

（2）可扩展性。由于建设项目的唯一性和定制性，以及实施过程各不相同，不同的项目在实施过程中会产生不同的多方面属性信息，如楼层不同，同一类型构件数量迥异，因此编码体系的格式就要预留出扩展区域，保证其大样本性，确保足够的编码空间服务风格迥异的建筑实体，满足不同项目个性化的需求。

（3）有含义。商品的编码是无含义的。代码本身以及代码在什么地方都不会产生与商品相关的任何信息。流水号属于无含义代码的范畴，如超市商品的代码就不具有商品所属分类等描述性信息的能力，仅具有被唯一辨识的特征。有含义代码本身和它所处的空间位置是可以代表构件特定的相关信息的，这点与无含义代码不同。对于具体的建筑施工项目，在实施前人们就会规划出最终实物，因而建筑构件的数量和种类是可以提前预知并且是有限的，有含义编码能够加深代码的可读性，且易于分类、完善，使编码更易于操作，更有数据处理方面的优势。

2. 编码体系

前文所构想的RFID编码设计方法对于项目全生命周期的包含质量、进度、成本等方面的施工项目管理的编码格式更具适应性，因为这里主要讲的是进度管理，所以采用较为简便的适用于进度信息采集的方式设计编码，如图5.4.3所示。

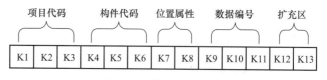

图5.4.3　构件编码格式

这里设计的编码体系共13位，如果楼层数比较多或者构件个数也较多，也可以根据项目的实际情况需要添加。前6位可采用大写英文字母，后7位可采用阿拉伯数字。对各位编码所代表的含义列举如下：

K1～K3：位于编码前三位。字符为大写英文字母。用于区分不同的项目，可取项目简称的英文首字母缩写，表示项目的代码，具体名称由项目业主方自由定义。

K4～K6：位于编码第4位至第6位，代表项目中的具体构件。可采用构件的汉语拼音大写首字母表示，例如，梁用L表示，柱用Z表示，墙体用QT表示。同一类型的构件还有不同的规格，还需要具体细分。

K7～K8：位于第7位、第8位，代表构件的位置。一般情况下都是阿拉伯数字表示，需根据具体项目详细定义。一般情况下多用楼层数表示。如果楼层过多，可以扩充为三位。

K9~K11：位于第9位至第11位，代表构件数量上的编号，这些构件具有相同的位置属性。如某一楼层有10个材料相同、规格尺寸一致的柱，这些柱的编号就可以是01、02、03、04、05、06、07、08、09、10。

K12~K13：位于编码的最后两位，以阿拉伯数字表示，设为RFID标签的扩充区，用于对前面数据不足的补充。如无须补充以"00"表示。

例如，CGLGHZ1100800表示CGL项目11层编号为008的钢筋混凝土柱。

编码体系的结构随着在不同项目中的应用，是可以不断优化和完善的。即使是同一个项目，编码体系的建立也不是一步到位的，也需要一个从建立到成熟不断优化完善的过程，才能保证编码体系的有效性和可操作性，以适应后期进度数据采集的需要。

5.4.4　基于物联网的实时施工模型的4D模拟

对工程项目的实际进度进行动态的监控并及时地根据进度信息更新模型，才能掌握更多的进度信息，从而使进度管理的时效性更强。而实时施工模型就是与项目实际进度保持一致的模型。通过RFID标签技术将采集到的进度信息实时地传递到BIM模型进行基于BIM的实时施工模型的自动创建，以此为基础进行的4D模拟也对后续施工更具有指导意义，基于BIM实时施工模型的4D模拟，能够有效地对施工全过程进度进行动态监控及管理，避免进度滞后严重来不及调整等问题。

1.　实时施工模型概述

与构筑物实际施工进度状态保持一致的三维模型即实时施工模型。已存在的BIM模型决定了该模型的详细程度，通常情况下，实时施工模型的详细程度与施工模型一致，但是两者存在本质上的差别。施工模型是在项目实施前随着设计阶段结束而完成的，但是实时施工模型是与项目实际进度保持一致的模型，应当依据构筑物的实际进度及时更新，因此是一个动态发展的模型。项目对模型的表现需求不是一成不变的，随着生命周期阶段的进行会表现出不同的信息需求。项目前期规划、设计、施工、维护不断进行，不断产生和得到新的与项目有关的信息，就需要新的模型来对这些信息进行集成和共享。实时施工模型恰好能够应对上述需求。对项目实际进展情况动态地监控和及时更新，能够对项目的实际进展情况及时准确地表现，这点是其他模型所不具有的。如果人工进行更新，这个任务必将烦琐、艰巨。

2.　实时施工模型的创建

实时施工模型的创建是一个不断循环的动态过程。跟踪项目的实际进度，根据RFID构件编码采集构件进度数据信息，并将这些数据及时地更新集成到已有的BIM模型，使得既有的BIM模型能够承载集成项目实际进度信息。

创建实时施工模型需要两个步骤：采集现场实际进度数据信息和更新模型。这里采用RFID技术进行施工进度信息的采集。

模型的更新需要已建成构件的三维几何信息，而基于BIM建立的3D模型本身就含有所有构件的三维坐标数据。通过扫描RFID标签，将采集到的进度数据信息，也就是已完成的构件信息，以Microsoft Project软件".mpp"文件的形式导入Navisworks（Navisworks软件能够将Revit的设计数据与其他信息融合成一个整体，并且可以用不止一种文件格式查看模型）软件与BIM数据库进行关联，进而在Navisworks中以三维的形式反映出此时此刻已完成构筑物的形态。采用RFID技术采集到构件的信息不包括构件的材质、工程量、功能等属性，所以，必须替换为具有参数化构件信息的BIM实体模型。向BIM实体模型转换的过程中，通过RFID标签编码识别出构件，用与之相对应的实体图元替换，这样逐步创建出实体三维模型。向实体构件转换的过程可以通过BIM数据库实现自动化，并且构件的非空间属性信息早已存在于设计阶段就已经建立好的BIM数据库中，使得转换过程耗费较少的资源。

模型的创建是动态的，并且更新是持续的，直到项目结束，因此必须及时将现场进度数据更新到模型中，根据设定的里程碑事件或者进度检查日期等标准不断地进行模型更新。

3. 基于物联网的实时施工模型的自动创建与进度模拟

实时施工模型的自动创建是一个涉及RFID技术、参数化建模技术、智能识别技术、匹配技术等多个领域交叉的课题。模型的自动创建究其根源是对构件信息的识别与匹配。将组成构筑物的构件对象识别出来后向BIM模型中的实体构件匹配转换。自动创建实时施工模型框架流程如图5.4.4所示。

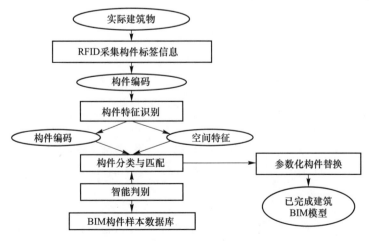

图5.4.4 自动创建实时施工模型框架流程

图5.4.5是基于BIM实时施工模型的4D模拟。它是一个循环的动态的过程，这点是与施工模型的4D模拟最大的区别。把施工现场已完成构件贴上RFID标签，通过阅读器采集标签信息，传递到应用程序系统，自动更新到BIM模型中。用Revit、Navisworks等软件三维查看实时施工模型，对项目已执行的进度计划和已施工的部分进行及时的监控，并以此作为项目剩余待施工部分的4D模拟的约束条件，并指导后续的施工。

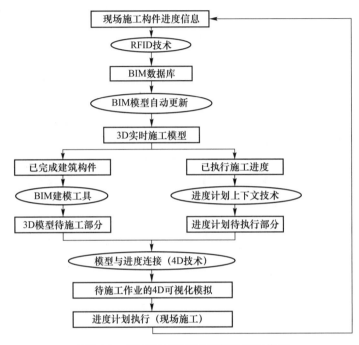

图5.4.5　基于BIM实时施工模型的4D模拟

通常情况下，施工模型创建是在设计阶段进行的，基于施工模型的4D模拟相应地也是在施工之前的模拟。实时施工模型是项目实际已完工部分的三维反映，并以此为约束进行4D模拟，更具有指导后续施工的意义。与此同时，项目管理员可以通过BIM软件，直观及时地在三维视图中跟踪项目的实际施工情况，便于了解实际进度和发现问题，可以作为项目进度跟踪控制的有效工具。

实训项目　施工进度模拟

【工程概况】

（1）工程名称：某五层居民住宅楼。

（2）工程简介：本工程为五层框架结构，总高度为

15m，总建筑面积为952.9m^2，占地面积为450m^2，平面尺寸为18.8m×11.7m。建筑层高：地上1～5层均为3.0m。设计使用年限为50年，耐火等级为二级，结构安全等级为二级，抗震设防低于6度，防水合理使用年限为15年，屋面防水等级为二级。

本工程基础为独立柱基础，地基基础设计等级为丙级。独立柱基础承台混凝土强度等级为C30，主体结构为现浇框架结构，现浇柱、梁、板、楼梯等。外墙采用300mm厚混凝土空心砌块，内墙采用200mm厚混凝土空心砌块。混凝土强度等级：基础顶面±0.00范围内的框架柱采用C25，其余框架梁、板、柱、楼梯为C30，柱截面尺寸为500mm×500mm，梁截面尺寸为300mm×600mm，钢筋采用HPB300、HRB335、HRB400。

（3）工期要求：主体结构及墙体砌筑工期为2013年4月1日—2013年5月20日。

主体结构（每层结构）施工顺序：测量弹线、支模架搭设—柱钢筋绑扎—柱模板—柱混凝土浇灌—养护拆模—梁模板—梁钢筋绑扎—梁混凝土浇筑—养护拆模—板、楼梯模板—板、楼梯钢筋绑扎—板、楼梯混凝土浇筑—养护拆模—填充墙砌体砌筑、搭设上层脚手架。

【进度管理】

主体结构拟定2013年4月1日开工，2013年5月20日交工，总工期50天。这里只介绍主体结构的进度管理。

工期控制点：结构完工日期为2013年5月20日，结构验收日期为2013年6月3日。这与实际施工中的现浇框架式结构同时进行柱、梁、板的支模、绑钢筋、浇筑有所不同。为了能够区分不同构件，假设柱、梁、板的施工是分别进行的。由于引用项目较小，所以假设所有柱的施工是同时进行的，梁、板也是如此。由于纸张有限不能将所有柱、梁、板、墙都一一列出来，只列出了一类构件中具代表性的一个。

基于BIM构建的三维模型，在这里无法展示具体的操作过程，将上文描述工程进度的信息添加到构件的属性集中，从而可以实现4D模拟，一层主体结构施工进度计划的4D模拟见图5.S.1。

【构件编码及进度计划】

各层构件RFID编码及进度计划见表5.S.1。

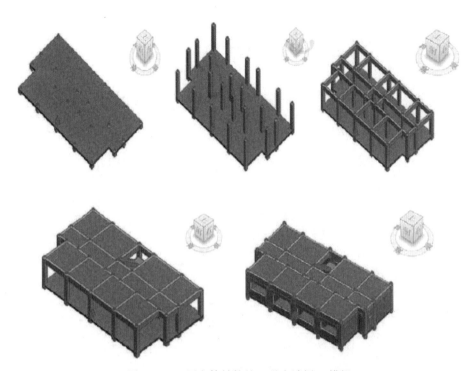

图5.S.1　一层主体结构施工进度计划4D模拟

表5.S.1　各层构件RFID编码及进度计划

进度计划	构件编码	构件名称	计划施工开始时间	计划施工结束时间
一层构件编码 及进度计划	CGLGHZ0100100	钢筋混凝土柱	2013.4.1	2013.4.2
	CGLGHL0100100	钢筋混凝土梁	2013.4.3	2013.4.4
	CGLGHB0100100	钢筋混凝土板	2013.4.5	2013.4.8
	CGLTLT0100100	混凝土楼梯	2013.4.5	2013.4.8
	CGLTKX0100100	300mm厚混凝土空心砌块	2013.4.9	2013.4.10
	CGLTKX0102100	200mm厚混凝土空心砌块	2013.4.9	2013.4.9
二层构件编码 及进度计划	CGLGHZ0200100	钢筋混凝土柱	2013.4.11	2013.4.12
	CGLGHL0200100	钢筋混凝土梁	2013.4.13	2013.4.14
	CGLGHB0200100	钢筋混凝土板	2013.4.15	2013.4.18
	CGLTLT0200100	混凝土楼梯	2013.4.15	2013.4.18
	CGLTKX0200100	300mm厚混凝土空心砌块	2013.4.19	2013.4.20
	CGLTKX0202100	200mm厚混凝土空心砌块	2013.4.19	2013.4.19
三层构件编码 及进度计划	CGLGHZ0300100	钢筋混凝土柱	2013.4.21	2013.4.22
	CGLGHL0300100	钢筋混凝土梁	2013.4.23	2013.4.24
	CGLGHB0300100	钢筋混凝土板	2013.4.25	2013.4.28
	CGLTLT0300100	混凝土楼梯	2013.4.25	2013.4.28
	CGLTKX0300100	300mm厚混凝土空心砌块	2013.4.29	2013.4.30
	CGLTKX0302100	200mm厚混凝土空心砌块	2013.4.29	2013.4.29

进度计划	构件编码	构件名称	计划施工开始时间	计划施工结束时间
四层构件编码及进度计划	CGLGHZ0400100	钢筋混凝土柱	2013.5.1	2013.5.2
	CGLGHL0400100	钢筋混凝土梁	2013.5.3	2013.5.4
	CGLGHB0400100	钢筋混凝土板	2013.5.5	2013.5.8
	CGLTLT0400100	混凝土楼梯	2013.5.5	2013.5.8
	CGLTKX0400100	300mm厚混凝土空心砌块	2013.5.9	2013.5.10
	CGLTKX0402100	200mm厚混凝土空心砌块	2013.5.9	2013.5.9
五层构件编码及进度计划	CGLGHZ0500100	钢筋混凝土柱	2013.5.11	2013.5.12
	CGLGHL0500100	钢筋混凝土梁	2013.5.13	2013.5.14
	CGLGHB0500100	钢筋混凝土板	2013.5.15	2013.5.18
	CGLTLT0500100	混凝土楼梯	2013.5.15	2013.5.18
	CGLTKX0500100	300mm厚混凝土空心砌块	2013.5.19	2013.5.20
	CGLTKX0502100	200mm厚混凝土空心砌块	2013.5.19	2013.5.19

【进度监控】

设定项目实际进度检查日期为2013年4月20日。截至当天，根据进度数据采集系统采集到的构件信息见表5.S.2。

表5.S.2　构件的实际施工时间

施工进度	构件编码	构件名称	实际施工开始时间	实际施工结束时间
一层构件编码及实际施工进度	CGLGHZ0100100	钢筋混凝土柱	2013.4.1	2013.4.2
	CGLGHL0100100	钢筋混凝土梁	2013.4.3	2013.4.5
	CGLGHB0100100	钢筋混凝土板	2013.4.6	2013.4.9
	CGLTLT0100100	混凝土楼梯	2013.4.6	2013.4.9
	CGLTKX0100100	300mm厚混凝土空心砌块	2013.4.10	2013.4.11
	CGLTKX0102100	200mm厚混凝土空心砌块	2013.4.10	2013.4.10
二层构件编码及实际施工进度	CGLGHZ0200100	钢筋混凝土柱	2013.4.12	2013.4.13
	CGLGHL0200100	钢筋混凝土梁	2013.4.14	2013.4.16
	CGLGHB0200100	钢筋混凝土板	2013.4.17	2013.4.20
	CGLTLT0200100	混凝土楼梯	2013.4.17	2013.4.20

将构件施工的实际进度和计划进度导入Microsoft Project软件，生成构件进度横道图，两者对比见图5.S.2。

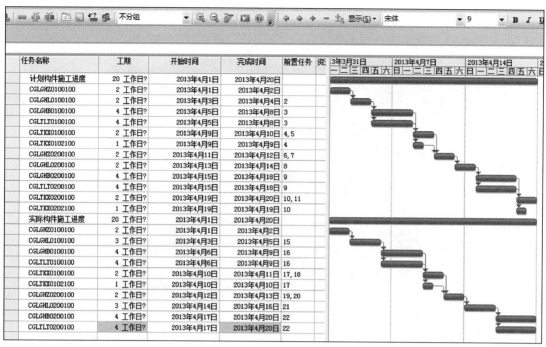

图5.S.2 构件进度横道图对比

【进度纠偏】

结合采集到的构件进度信息，根据实时施工模型的自动创建过程创建该项目的实时施工模型，计划进度施工模型与实时施工模型对比见图5.S.3。从实际构件施工进度与计划构件施工进度横道图的对比中，从计划进度模型（施工模型）和实际进度模型（实时施工模型）的对比中都可以看出进度滞后，而后者更能直观地反映出进度滞后的具体情况，从而更能体现BIM的优越性。通过构件属性还可以查看到构件的实际开始时间和结束时间，与计划值比较从而能够得出进度滞后的时间。

通过进度检查发现进度滞后2d的情况，接下来为了确保工期的实现就需要纠偏。有两种进度纠偏方法：一种是改变工作间的逻辑关系，不改变持续时间；另一种则正好相反，不改变工作间的逻辑关系，而是改变工序的持续时间，利用工期和资源、工期和费用的关系，增加资源投入量，从而实现缩短工期的目的。介于本项目发现进度偏差较早，且处于关键线路上，只能采取第二种纠偏方法，调整工序的作业时间。需要在后续的楼层施工中，增加资源和人力，缩短关键路线上构件的施工时间。经调整，三层、四层、五层的实际施工进度见表5.S.3。最终进度偏差得以纠正，项目在合同工期内完成。

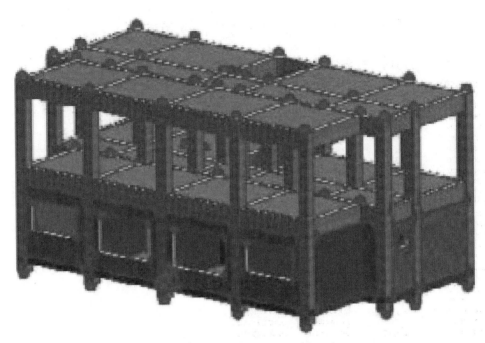

图5.S.3　施工模型与实时施工模型对比

表5.S.3　构件的实际施工进度

实际施工进度	构件编码	构件名称	计划施工开始时间	计划施工结束时间
三层构件编码 及进度计划	CGLGHZ0300100	钢筋混凝土柱	2013.4.24	2013.4.25
	CGLGHL0300100	钢筋混凝土梁	2013.4.26	2013.4.27
	CGLGHB0300100	钢筋混凝土板	2013.4.28	2013.4.30
	CGLTLT0300100	混凝土楼梯	2013.4.28	2013.4.30
	CGLTKX0300100	300mm厚混凝土空心砌块	2013.5.1	2013.5.2
	CGLTKX0302100	200mm厚混凝土空心砌块	2013.5.1	2013.5.1
四层构件编码 及进度计划	CGLGHZ04100100	钢筋混凝土柱	2013.5.2	2013.5.3
	CGLGHL0400100	钢筋混凝土梁	2013.5.4	2013.5.5
	CGLGHB0400100	钢筋混凝土板	2013.5.6	2013.5.8
	CGLTLT0400100	混凝土楼梯	2013.5.6	2013.5.8
	CGLTKX0400100	300mm厚混凝土空心砌块	2013.5.9	2013.5.10
	CGLTKX0402100	200mm厚混凝土空心砌块	2013.5.9	2013.5.9
五层构件编码 及进度计划	CGLGHZ0500100	钢筋混凝土柱	2013.5.11	2013.5.12
	CGLGHL0500100	钢筋混凝土梁	2013.5.13	2013.5.14
	CGLGHB0500100	钢筋混凝土板	2013.5.15	2013.5.18
	CGLTLT0500100	混凝土楼梯	2013.5.15	2013.5.18
	CGLTKX0500100	300厚混凝土空心砌块	2013.5.19	2013.5.20
	CGLTKX0502100	200厚混凝土空心砌块	2013.5.19	2013.5.19

模块小结

　　本模块介绍了基于BIM技术的进度控制应用框架。在进行传统进度控制与基于BIM技术的进度控制对比优势分析后，具体研究了应用BIM技术在进度控制各个环节的具体措施，分别是BIM技术的进度监控、进度偏差分析和进度调整，以及基于物联网技术，将采集到的实时进度信息及时传递到BIM模型中，从而实现物理世界中的构件与信息空间的构件的关联。进度管理是个不断循环的过程，模型运行也可以根据定期检查不断循环实施，从而保证进度实现计划目标。

习　题

1. 常用的BIM进度管理软件，不包括（　　）。
　　A. Revit　　　　　　　　　　B. Tekla
　　C. 3D max　　　　　　　　　D. Navisworks

2. 在BIM模拟系统中，一般不包括（　　）。
　　A. 场地信息管理　　　　　　B. 资源动态管理
　　C. 施工过程模拟　　　　　　D. 结构计算

3. 制订基于BIM技术的进度计划，不包括（　　）。
　　A. 估算工序工期　　　　　　B. 建立逻辑关系
　　C. 资源的分配　　　　　　　D. 施工方案设计

4. 为了有效地控制建设工程实施进度，必须事先对影响进度的各种因素进行全面分析和预测。其主要目的是实现建设工程进度的（　　）。
　　A. 事中控制　　　　　　　　B. 动态控制
　　C. 主动控制　　　　　　　　D. 纠偏控制

5. 建立施工进度计划审核制度和进度计划实施中的检查分析制度属于实施进度控制的（　　）。
　　A. 技术措施　　　　　　　　B. 合同措施
　　C. 组织措施　　　　　　　　D. 经济措施

6. 当利用S形曲线比较工程项目的实际进度与计划进度时，如果检查日期实际进展点落在计划S形曲线的右侧，则该实际进展点与计划S曲线在水平方向的距离表示工程项目（　　）。
　　A. 实际超额完成的任务量　　B. 实际拖欠的任务量
　　C. 实际进度拖后的时间　　　D. 实际进度超前的时间

7. 在建设工程进度调整的系统过程中，当分析进度偏差产生的原因之后，首先需要（　　　）。

   A. 采取措施调整进度计划　　　　　B. 确定后续工作和总工期的限制条件

   C. 实施调整后的进度计划　　　　　D. 分析进度偏差对后续工作和总工期的影响

8. 确定建设工程施工阶段进度控制目标时，首先应进行的工作是（　　　）。

   A. 明确各承包商的分工条件与承包责任

   B. 明确划分各施工阶段进度控制分界点

   C. 按年、季、月计算建设工程实物工程量

   D. 进一步明确各单位工程的开、竣工日期

9. 为了确保进度控制目标的实现，通过缩短某些工作持续时间的方法调整施工进度计划时，可采用的组织措施是（　　　）。

   A. 改善劳动条件　　　　　　　　　B. 实行包干奖励

   C. 采用更先进的施工机械　　　　　D. 增加工作面和施工队伍

10. 基于BIM技术的进度控制能够非常有效地组织和管理信息，且表达方式形象直观。与传统进度控制相比，基于BIM技术的进度控制的优势主要有（　　　）。

   A. 动态可视化与模拟化

   B. 建设阶段的连续性

   C. 不同参与方之间信息变动的异步性

   D. 进度控制的动态同步化

   E. 信息表达规范化和精细化

11. 下列对工程进度造成影响的因素中，属于业主因素的有（　　　）。

   A. 不能及时向施工承包单位付款　　B. 不明的水文气象条件

   C. 施工安全措施不当　　　　　　　D. 不能及时提供施工场地条件

   E. 临时停水、停电、断路

12. 影响建设工程进度的不利因素有很多，下列属于组织管理因素的有（　　　）。

   A. 地下埋藏文物的保护及处理

   B. 临时停水停电累计20h

   C. 计划安排原因导致相关作业脱节

   D. 施工安全措施不当

   E. 向有关部门提出各种申请审批手续的延误

13. 利用横道图表示工程进度计划的特点有（　　　）。

   A. 形象、直观，但不能反映出关键工作和关键线路

   B. 易于编制和理解，但调整烦琐和费时

   C. 能明确反映出各项工作之间的逻辑关系和总工期

   D. 能反映工程费用与工期之间的关系

   E. 可通过时间参数计算，求出各项工作的机动时间

14. 当采用匀速进展横道图比较法时，如果表示实际进度的横道线右端点落在检查日期的左侧，则该端点与检查日期的距离表示工作（　　　）。

   A. 实际少花费的时间　　　　　　　B. 实际多花费的时间

   C. 进度超前的时间　　　　　　　　D. 进度拖后的时间

15. 建设工程施工进度控制工作细则的内容包括（　　）。

    A. 施工进度控制人员的职责分工　　　B. 施工进度控制工作流程

    C. 工程进度款支付条件及方式　　　　D. 施工进度控制目标实现的风险分析

    E. 施工进度控制目标分解图

习题答案

1. C   2. D   3. D   4. C   5. C   6. C

7. D   8. D   9. D   10. ABDE   11. AD   12. CE

13. AB   14. D   15. BCE

模块 6 BIM施工质量管理

知识目标

1. 了解质量和质量管理的基本概念，熟悉工程质量验收标准。
2. 掌握装配式建筑质量管理的特点。
3. 了解基于BIM技术的质量管理系统构架。

能力目标

1. 能够在现场进行装配式建筑关键节点的质量验收和记录。
2. 能进行信息输入和质量问题汇总反馈。

知识导引

在人类社会中，人们往往要对某一产品或者活动过程进行评价，来反映其优劣程度，因此"质量"两个字联系着众多的产品和活动过程，它反映了某组事物固有特性满足人们要求的程度。国际标准化组织（International Organization for Standardization, ISO）为了规范全球范围的质量管理活动，颁布了《质量管理和质量保证——术语》（ISO 8402：1994），对"质量"进行了明确的定义：反映实体满足明确和隐含需要的能力总和。

对质量的要求必然产生质量管理的概念，质量管理是指确定质量方针、目标和职责，并在质量体系中通过质量策划、质量控制、质量保证和质量改进使其实施全部管理职能的所有活动。相关标准质量活动有八原则：① 以顾客为关注焦点；② 领导作用；③ 全员参与；④ 过程方法；⑤ 管理的系统方法；⑥ 持续改进；⑦ 基于事实的决策方法；⑧ 与供方互利的关系。

建筑工程质量管理已经在其他课程中介绍了，本书主要就装配式建筑的质量管理体系进行阐述。此外，本书只涉及管理问题，对质量检验具体的要求将放置在装配式建筑施工分册中。

装配式建筑施工质量管理概述

6.1.1　质量管理体系

想一想

　　当我们做了一件手工艺品，想象把它成批生产，这样生产出来的手工艺品和我们做的样品有什么不同？为什么？

　　在描述装配式建筑施工质量管理之前，先介绍一下一般建筑工程质量管理体系。如前所述，建筑施工企业，由于其性质、规模、活动环境和服务的复杂性，其质量管理体系与其他管理体系有所差异，施工企业必须设立与其情况相对应的质量管理体系，以确保施工项目质量。企业建立质量管理体系的步骤详见图6.1.1。

　　质量管理体系由多个要素构成。在建筑施工企业的全部活动中，工序内容多、施工环节多、工序交叉作业多，有外部条件和环境因素，也有内部条件和技术水平因素，企业要根据自身特点，参照质量管理和质量保证国际标准与国家标准中质量管理体系要素，进行选用或删减，建立适合企业自身的质量管理体系。

　　建筑企业的管理体系可以分为5个层次17个要素。第一个层次阐述企业领导职责；第二个层次阐述与传输质量管理体系相适应的组织机构以及相关部门人员的管理职责和权限；第三个层次阐述质量成本；第四个层次阐述各阶段质量控制和内部质量保证；第五个层次阐述质量形成过程中的间接影响因素。图6.1.2为施工企业质量管理体系各要素构成图。

　　在运行阶段，质量管理体系是依靠体系的组织机构进行组织协调、实施质量监督、开展信息反馈、进行质量管理体系审核和复审实现的。

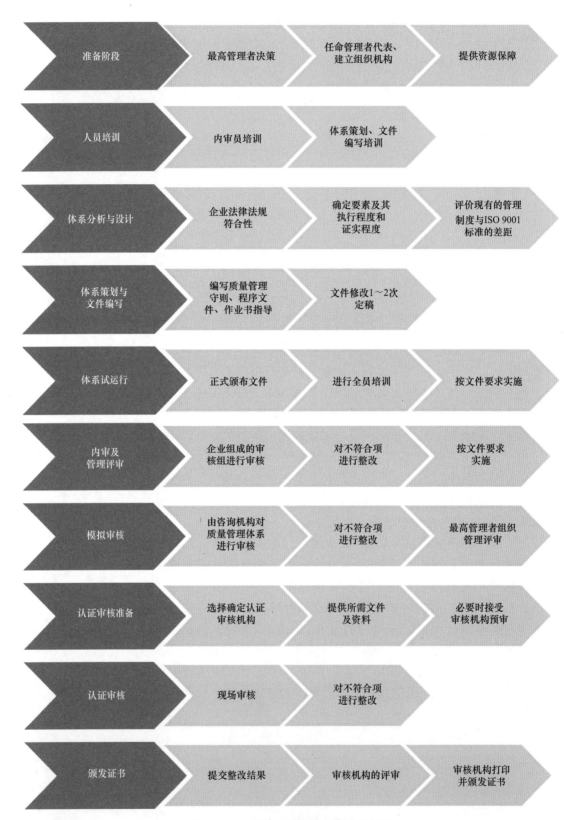

图6.1.1　企业建立质量管理体系的步骤

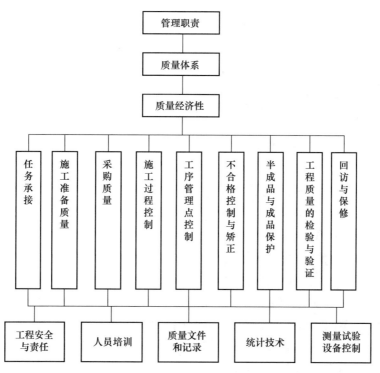

图6.1.2　施工企业质量管理体系要素构成

 知识拓展

　　ISO 9001质量保证体系是ISO在1987年提出的概念，是指由ISO/TC 176（国际标准化组织质量管理和质量保证技术委员会）制定的国际标准。ISO 9001用于证实组织具有提供满足顾客要求和适用法规要求的产品的能力，目的在于增进顾客满意。随着商品经济的不断扩大和日益国际化，为提高产品的信誉，维护生产者、经销者、用户和消费者各方权益，这个第三认证方不受产销双方经济利益支配，公正、科学，是各国对产品和企业进行质量评价和监督的通行证；作为顾客对供方质量体系审核的依据；企业有满足其订购产品技术要求的能力。

　　ISO 9001族有四个核心标准。

　　（1）ISO 9000《质量管理体系　基础和术语》：讲述质量管理方面的基础理论和一些关键的名词解释。

　　（2）ISO 9001《质量管理体系　要求》：从保障顾客利益的角度出发提出一些基本的质量管理要求，常用于认证或顾客验厂。

　　（3）ISO 9004《质量管理体系　业绩改进指南》：围绕经营业绩，兼顾企业、顾客、员工等诸方面利益团队，强调做好每一项工作，为企业提供了改进业绩的参考方法。

　　（4）ISO 19011《质量和（或）环境管理体系审核指南》：为认证审核、内部审核、验厂审核等审核工作提供了工作方法和参考。

　　根据ISO调查结果，中国认证数居世界第一，成为名副其实的质量管理体系认证大国。

6.1.2　建筑工程施工质量验收标准

　　建筑业由于露天作业且手工作业方式特别多，这种情况下建筑施工的质量控制与一般工业车间生产中的质量控制有什么不同？如何提高建筑业质量控制能力？

　　建筑工程施工质量控制涉及从项目可行性研究到使用期维护等各个阶段。本书的范围集中于项目施工阶段，因此质量控制也主要阐述施工阶段的问题。在建建筑项目施工管理必须符合国家颁发的技术标准的规定，其中最为重要的是《建筑工程施工质量验收统一标准》（GB 50300—2013）（以下简称《标准》）。该标准对工程项目验收划分、验收要求及验收的程序和组织做了详细的说明。

　　根据《标准》的要求，建筑工程施工质量验收应划分为单位工程、分部工程、分项工程和检验批。单位工程、分部工程、分项工程划分原则详见表6.1.1，检验批可根据施工、质量控制和专业验收的需要，按工程量、楼层、施工段、变形缝等进行划分。

表6.1.1　单位工程、分部工程和分项工程划分表

名称	划分标准
单位工程	1. 具备独立施工条件并能形成独立使用功能的建筑物或构筑物为一个单位工程。 2. 对于规模较大的单位工程，可将其能形成独立使用功能的部分划分为一个子单位工程
分部工程	1. 可按专业性质、工程部位确定。 2. 当分部工程较大或较复杂时，可按材料种类、施工特点、施工程序、专业系统及类别等将分部工程划分为若干子分部工程
分项工程	按主要工种、材料、施工工艺、设备类别等进行划分

　　《标准》对建筑工程质量验收合格条件按检验批、分项工程、分部工程、单位工程做了相应规定，详见表6.1.2。

表6.1.2　单位工程、分部工程和分项工程划分表

类别	验收合格条件
检验批	1. 主控项目的质量经抽样检验均应合格。 2. 一般项目的质量经抽样检验合格。当采用计数抽样时，合格点率应符合有关专业验收规范的规定，且不得存在严重缺陷。对于计数抽样的一般项目，正常检验一次、二次抽样可按《标准》附录D判定。 3. 具有完整的施工操作依据、质量验收记录
分项工程	1. 所含检验批的质量均应验收合格。 2. 所含检验批的质量验收记录应完整

续表

类别	验收合格条件
分部工程	1. 所含分项工程的质量均应验收合格。 2. 质量控制资料应完整。 3. 有关安全、节能、环境保护和主要使用功能的抽样检验结果应符合相应规定。 4. 观感质量应符合要求
单位工程	1. 所含分部工程的质量均应验收合格。 2. 质量控制资料应完整。 3. 所含分部工程中有关安全、节能、环境保护和主要使用功能的检验资料应完整。 4. 主要使用功能的抽查结果应符合相关专业验收规范的规定。 5. 观感质量应符合要求

《标准》也规定了当建筑工程施工质量不符合规定时的处理方式：

（1）经返工或返修的检验批，应重新进行验收。

（2）经有资质的检测机构检测鉴定能够达到设计要求的检验批，应予以验收。

（3）经有资质的检测机构检测鉴定达不到设计要求，但经原设计单位核算认可能够满足安全和使用功能的检验批，可予以验收。

（4）经返修或加固处理的分项、分部工程，满足安全及使用功能要求时，可按技术处理。

《标准》规定了若经返修或加固处理仍不能满足安全或使用要求的分部工程及单位工程，严禁验收。

建筑工程质量验收的科学性与其组织和验收的程序密不可分。每个类别的验收人员详见表6.1.3。

表6.1.3　单位工程、分部工程和分项工程划分表

类别	验收组织方式
检验批	由专业监理工程师组织施工单位项目专业质量检查员、专业工长等进行验收
分项工程	由专业监理工程师组织施工单位项目专业技术负责人等进行验收
分部工程	分部工程应由总监理工程师组织施工单位项目负责人和项目技术、质量负责人等进行验收。勘察、设计单位项目负责人和施工单位技术、质量部门负责人应参加地基与基础分部工程的验收。设计单位项目负责人和施工单位技术、质量部门负责人应参加主体结构、节能分部工程的验收
单位工程	单位工程中的分包工程完工后，分包单位应对所承包的工程项目进行自检，并应按《标准》规定的程序进行验收。验收时，总包单位应派人参加。分包单位应将所分包工程的质量控制资料整理完整后，移交给总包单位

单位工程完工后，施工单位应组织有关人员进行自检，总监理工程师应组织各专业监理工程师对工程质量进行竣工预验收。存在施工质量问题时，应由施工单位及时整改。整改完毕后，由施工单位向建设单位提交工程竣工报告，申请工程竣工验收。建设单位收到工程竣

工报告后，应由建设单位项目负责人组织监理、施工、设计、勘察等单位项目负责人进行单位工程验收。

知识拓展

工程建设标准是对工程建设活动中重复事物和概念所做的统一规定。工程建设中经常使用的"标准""规范""规程"等技术文件是标准的不同表现形式。我国标准分为强制标准（GB、JGJ、DB）和推荐性标准（CECS、GB/T、JGJ/T），同时根据标准等级可以分为国家标准（GB）、行业标准（JGJ）、地方标准（DB）、企业标准（QB）。目前我国中央和地方颁布的有关装配式建筑的标准主要有以下一些：

（1）《装配式混凝土结构技术规程》（JGJ 1—2014）

（2）《装配式剪力墙住宅建筑设计规程》（DB11/T 970—2013）

（3）《装配式住宅建筑设备技术规程》（DBJ50/T-186—2014）

（4）《工业化建筑评价标准》（GB/T 51129—2015）

6.1.3　预制构件生产质量管理

我们把建筑物一部分移入工厂生产，除了提高现场的装配效率外还有什么作用？

装配式建筑和一般整体浇筑建筑在质量控制上有相同之处，在质量验收上也需要遵守《标准》中的相关规定。但装配式建筑有不同于一般建筑的特点，例如，由于装配式建筑构件在工厂制作，因此工厂质量控制也是一个重要环节（图6.1.3）。

图6.1.3　预制构件车间

　　为了确保预制构件质量，构件生产要处于严密的质量管理和控制之下，通过构件生产管理策划可以明确生产过程中的目标计划、管理要求、重点内容、工具方法以及必要的资源支持，为质量管理提供良好的生产组织环境。质量管理的实施要涵盖预制构件生产全过程及其主要特征，诸如原材料采购和进场、混凝土配制、构件生产、码放储存、出厂及运输、构件资料等方面。对构件生产过程中的试验检测、质量检验工作制定明确的管理要求，保持质量管理有效运行和持续改进。

　　预制构件质量管理体系是体现工厂质量保证能力的基本要求，同时也是建设单位、施工单位考察选定预制工厂的重要关注点，具体要求如下：

　　（1）预制工厂具有相应的资格能力及具备构件生产的软硬件设施条件。

　　（2）预制工厂建立了完善的质量管理体系，具有保证构件生产质量的经验和能力。

　　（3）预制构件生产过程应具备试验检测手段。

　　（4）预制构件制作前，预制工厂应仔细审核预制构件制作详图，通过会审构件图纸来获得构件型号、数量、材料、技术质量要求等详细资料。

　　（5）预制工厂通过进行构件生产质量策划，在构件制作前编制预制构件生产制作方案，对于新工厂或新型构件可以通过试制样品验证。

　　（6）预制工厂应对进场的原材料及构配件进行检验，并制订检验方案，检验合格后方可用于预制构件的制作，这是质量控制强制性要求。

　　（7）预制构件经检查合格后，及时标记工程名称、构件部位、构件型号及编号、制作日期、合格状态、生产单位等信息，其是质量可追溯性的要求，也是生产信息化管理的重要一环。

6.1.4　装配式建筑施工质量管理

　　一般来说，质量受众多因素的影响，而建筑工程又持续时间长、环境影响复杂，那么该如何对众多检验条目做出科学的质量评价呢？

　　装配式混凝土结构工程施工应制订施工组织设计和专项施工方案，提出构件安装方法、节点施工方案等。装配式混凝土结构工程施工质量管理的重点环节有预制构件进场验收、施工验算、构件安装就位、节点连接施工。由于涉及环节众多，因而必须制定相应的质量保证措施。施工现场装配如图6.1.4所示。

图6.1.4　施工现场装配

在施工过程中要以现有规范作为依据，对于装配式混凝土结构，建筑结构施工可以选用《混凝土结构工程施工规范》（GB 50666—2011）、《混凝土结构设计规范（2015年版）》（GB 50010—2010）、《装配式混凝土结构技术规程》（JGJ 1—2014）、《装配整体式混凝土结构施工及质量验收规范》（DGJ 08-2117—2012）、《建筑节能工程施工质量验收规范》（GB 50411—2007）；针对钢筋工程选用《碳素结构钢》（GB/T 700—2006）、《低合金高强度结构钢》（GB/T 1591—2008）、《非合金钢及细晶粒钢焊条》（GB/T 5117—2012）、《热强钢焊条》（GB/T 5118—2012）等；针对现场施工选用《工程测量规范》（GB 50026—2007）、《钢筋机械连接技术规程》（JGJ 107—2016）等。由于本书只论述管理部分，略去具体质量检验批控制要点，在施工分册对这部分内容进行详细阐述。

6.2　BIM质量管理优势

　　传统质量管理方法存在什么缺陷？如何用有效的方法让质量管理更趋于高效和客观？

1. 传统质量管理方法存在的问题

质量管理的发展从质量检验、统计和全面质量管理阶段，产生了TQC、TQM、QCC、ISO 9001、六西格玛等质量管理理论及方法，但在实际建筑业应用过程中传统质量管理方法存在以下问题：

（1）专业施工人员专业技能不高。对一个房屋建筑工程来说，工程质量往往是由一线施工人员专业素质所决定的。目前从我国建筑业现实情况来看，很大一部分施工人员缺少专业知识和必要技能培训，这将导致很多建筑工程质量出现状况。

（2）受到施工单位主观影响比较大。目前建筑市场管理不规范现象仍旧存在，工程质量业绩并不是企业获得项目中标的主要因素，在质量和盈利之间选择，不少企业往往会选择后者。因此在没有客观技术情况下，监理和其他监督机构往往难以对施工材料、构件、施工工艺进行把控。

（3）无法准确预知工程的观感质量。建筑工程的观感质量是整个工程质量评判的一个重要方面，但传统方法无法准确评断完工后的实际观感效果，在建筑工程完工后，都存在一些不符合设计意图的地方，有些还可能造成严重的质量缺陷。

（4）各个专业工种相互影响。在建筑施工中，往往会有许多工种人员，而如何使这些工种人员有效协调工作不是很容易的事，传统项目管理中往往凭项目经理的经验进行调配，但有时处理不好不仅影响工程进度，而且对质量和安全也会造成很大影响。

上述现象存在的原因是传统人为质量管理使得各种质量管理方法作用发挥不充分；另外对环境因素估计不足，施工环境受到天气、原材料、劳动力等因素影响较大，一般施工项目受制于管理者水平，很难会对这些因素进行优化处理。

2. BIM技术对质量控制的优势

在信息化管理大势所趋下，BIM技术成为信息化的重要技术支撑，基于BIM技术的质量控制是未来的发展趋势。

BIM技术在质量控制上有着众多优势，特别是在分析复杂项目质量管理上优势特别明显：

（1）随着业主对建设质量水平要求越来越高，施工过程的质量控制是整个项目质量控制的核心，施工企业也是施工过程质量控制的重要实施主体，BIM技术对施工企业的质量控制作用极大。

（2）现代建设项目呈现出日益复杂化、规模大、周期长的特点，传统质量管理思想陈旧，质量控制的协同性较差，信息分割且传递不及时，不具有可视化等缺点，而且多是依据经验决策，缺乏科学性和精确性。而BIM技术恰能解决以上问题。

（3）BIM技术在城市地标性建筑中多有应用，实践案例已充分表明BIM技术的巨大价值。

（4）BIM技术是建筑业信息化发展的重要技术支撑，BIM技术的顺利应用有与新技术相符的组织结构、人员配置、质量管理流程等作为保障。技术的进步将产生新的组织模式和管理方式，将长期影响人们对项目质量管理的思维模式。

当然，应用BIM技术不意味着排斥传统方法，兼容传统方法才能实现基于BIM技术项目质量控制的成功应用。建筑业具有海量的数据，而这些数据在传递过程中容易大量丢失，没有丢失的部分多堆积在一起不能充分利用，信息化是建筑业的发展趋势，采用BIM技术是大势所趋。

知识拓展

早在20世纪70年代，国外学者对于BIM技术的研究比较广泛，对其在施工质量控制中应用的研究也比较成熟。B. Ledbetter William和LamKa Chi等人研究利用计算机技术进行施工质量管理的方法，提出了基于Web和施工过程的质量管理系统；Namhun Lee等人讨论了质量信息模型和PDCA模型在路桥等基础设施工程中的应用，构建基于POP模型和BIM技术的质量保证与控制方法，并分析实施的阻碍因素；Chan-Sik Park等人分析施工行业中缺陷管理存在的问题和实际需求，构建了集成缺陷管理系统的框架，应用虚拟加强（AR）、图像比对技术和BIM技术在实验室实现自动监控项目；Rafael Sacks等人提出利用BIM实现项目管理过程可视化的体系，并分析支持该体系的技术和方法，为质量控制带来启示；H. L. Guo等人基于对全生命周期管理的分析，运用Dassault软件等技术构建了虚拟沟通协作平台，提高了建造过程的管理；Chunyan Ma等人介绍IPD模式下BIM技术在施工项目中的应用，对于我国探索IPD式有重要价值；Chris Gordon与Burcu Akinci基于卡耐基-梅隆大学的相关研究，对施工中Ladar和实体的感知技术的应用进行分析，探究其对施工监管和质量控制的作用；Khalid AL-Reshaid与Nabil Kartam提出互联网科技是项目各方信息交流和项目之间互相学习的有效工具，并且能够有效提高项目交付的效率；Alain Zarli通过对目前运用了信息技术的欧洲ICCI与Roadcon系列工程项目的介绍，分析欧洲未来在建造业中应用信息交流科技的主流趋势。

杨东旭基于对BIM相关技术和可视化子模型的应用的研究，从图纸、施工技术和预制构件等方面提出了BIM可视化对质量管理的改进，总结推广应用的阻碍和建议。陈丽娟基于施工规范，以产品、组织和过程为核心构建了POP数据结构模型，研究BIM 4D在质量管理中应用的优势，并结合实例分析该质量控制模型的效果。相比对BIM技术和精益建造分开研究，对两者结合在施工项目管理中的应用的研究还不多见。Rafael Sacks等人从过程、产品和方法可视化、"拉式"工作流控制和稳定性的保持以及持续改进等方面系统分析了基于BIM的精益生产管理体系的施行需求，构建看板BIM的计划和控制系统的流程框架，并通过实例验证效果；Wenchi Shou等人针对项目运维阶段的现状和BIM技术应用的缺乏，提出了结合运维管理、BIM技术和精益理论三者的集成方法，并在实际案例中分析其操作过程和效果；Rischmoller等人尝试以精益思想的原则构建理论框架，评价计算机可视化工具（Computer Advanced Visualization Tools，CAVT）的影响，并发现精益建造原则与CAVT有很强的协同作用；Khanzode等人提供一个概念框架连接虚拟设计与施工（VDC）和精益项目交付体系分析，总结了协同应用机制为工程项目、建筑企业和建设行业带来的效益。

6.3 BIM质量管理构架

根据项目质量管理要求和 BIM 技术特点，如何构建 BIM 质量管理框架？

6.3.1　BIM质量管理模型功能

在工程质量管理中，既希望对施工总体质量概况有所了解，又要求能够关注到某个局部或分项的质量情况，从工作程序方面讲求的则是动态管理和过程控制。基于此特点，BIM模型为一个直观有效的载体，无论是整体或是局部质量情况，都能够以特定的方式呈现在模型之上。基于这样的理念，将工程现场的质量信息记录在BIM模型之内，可以有效提高质量管理的效率。

1.　构建BIM 7D模型

将工程的BIM 3D模型与施工方案结合形成BIM 7D平台（三维模型+进度管理+质量管理+安全管理+成本管理）。为了构建高效的质量控制体系，需要导入BIM 7D模型的质量数据信息，包括不同层面的（国家标准、行业标准与当地标准）质量控制标准、施工工艺要求和标准、验收标准等规范文件，为后期质量控制提供重要参考。

质量管理在不同阶段的目标，与不同层级的拉动式控制计划对应。在看板界面中显示，让施工人员和管理人员对每天的任务清晰明了；与供应商数据库进行整合，将供应商提供的各种材料、构件机械的信息（型号、形状、数量等）整合到BIM数据库中，集合物流信息制订施工计划，充分利用当前资源，减少库存堆积；实现高效的物料供

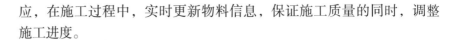

应，在施工过程中，实时更新物料信息，保证施工质量的同时，调整施工进度。

2. 质量控制职能分配

虽然BIM看板质量控制体系中保留很多传统的质量控制环节，对于质量控制人员的职能分配仍需要做出重要的调整。质量控制组织中的职位包括项目负责人、区域经理、施工班组经理、施工班组负责人、物流负责人、健康安全施工负责人、工程师、监理等，他们在质量控制的不同阶段负责不同的质量计划的制订、施工过程的监管、部分工程的验收等环节。通过对每个环节的严格把握，不断缩小质量控制的范围和提高质量标准的要求，不同职能负责人之间相互协作和沟通，致力于项目整体质量的提升。

3. 成立QC小组

质量控制（Quality Control，QC）小组是精益建造下质量控制的关键团队形式。施工班组负责人通过选择经验丰富、施工操作规范的工人，对施工过程中的班组施工进行监管及进行自检。实行BIM质量控制的体系对于施工人员自我的质量意识和能力有较高要求，QC小组在体系中起到带动班组人员适应新型质量控制模式，不断相互学习协作提高工程质量的作用，是精益建造的持续改进原则的体现。

基于BIM的质量信息模型的作用主要表现在产品质量管理、技术质量管理和质量信息资料管理三个方面。

（1）产品质量管理。产品质量管理主要是指参建人员可以快速查看7D模型中的建筑构件和设备的质量信息，将BIM技术与RFID射频识别技术、激光测绘技术、数码摄像探头、智能手机传输等技术结合，看现场是否与设计要求相符，实现对现场施工质量的监控。

（2）技术质量管理。技术质量管理是指施工方案优化，4D虚拟施工选择合适的施工工艺及施工流程，碰撞检测，可视化技术交底，使复杂节点或质量控制关键节点可视化等，有效避免实际与计划不一致现象。

（3）质量信息资料管理。质量信息资料管理是指对于在施工过程中形成的一切与质量信息关联的BIM模型构件，输入7D质量信息模型的构件代码ID（如一定截面的柱），可以快速查看项目各部位中所有的该截面柱的质量信息；选定建筑某构件，快速显示该构件的全部质量信息；选定某一时间节点，快速查看随着进度变化的质量信息；选定某一构件，分解为不同的施工工序，快速查看随工序的质量信息（图6.3.1）。

关于以上三个方面的基于7D质量信息模型的质量管理，还未完全开发这样的软件，但现有软件可以实现部分质量管理方面的应用。

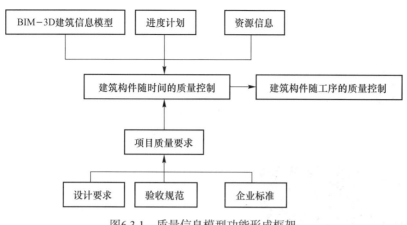

图6.3.1　质量信息模型功能形成框架

6.3.2　现阶段BIM质量管理主要应用

1. 技术交底

根据质量通病及控制点，重视对关键、复杂节点，防水工程，预留、预埋，隐蔽工程及其他重难点项目的技术交底。传统的施工交底是以二维CAD图纸为基础，然后空间想象。但人的空间想象能力有限，不同的人员想法也不一样。BIM技术针对技术交底的处理办法是：利用BIM模型可视化、虚拟施工过程及动画漫游进行技术交底，使一线工人更直观地了解复杂节点，有效提升质量相关人员的协调沟通效率，将隐患控制到最低。图6.3.2是砌筑工程用Navisworks软件进行技术交底工作。

图6.3.2　砌筑工程的三维技术交底

2. 质量检查比对

质量检查比对首先要现场拍摄图片，通过目测或实量获得质量信息，将质量信息关联到BIM模型，把握现场实际工程质量；根据是否

四层办公区
现场施工情况

图 6.3.3 设计深化图与实际现场的实际情况比对

有质量偏差，落实责任人进行整改，再根据整改结果核对质量目标，并存档管理。图6.3.3是北京财富中心写字楼机电工程四层的设计深化图与实际现场的实际情况比对。

3. 碰撞检测及预留洞口

土建BIM模型与机电BIM模型，在相关软件中进行整合，即可进行碰撞检查。在集成模型中可以快速有效地查找碰撞点。如在大红门16号院项目中，共发现了952个碰撞点，其中严重碰撞13个，需要建筑、结构、机电三个专业调整设计。在青岛华润万象城项目的大型商业综合体中，BIM小组将标准尺寸的施工电梯和塔式起重机组，放入整体结构模型，导入塔式起重机和施工电梯二维布置定位图，完成结构绘制，然后导入Navisworks软件。相关责任人根据BIM模型直观地审视方案布置的可行性、合理性，规避时间、空间不足，实现方案优化。利用BIM技术可以在施工前尽可能多地发现问题，如净高、构件尺寸标注漏标或不合理、构件配筋缺失、预留洞口漏标等图纸问题。而在施工之前，可提前发现碰撞问题，有效地减少返工，避免质量风险（图6.3.4）。

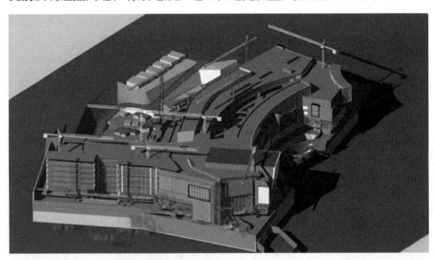

图6.3.4 施工方案优化布置图

6.3.3 BIM质量管理框架

基于IFC的质量信息平台只是BIM的技术实现，由于本模块针对BIM的质量管理，对技术实现只做简要介绍，不做深入分析。施工现场经常将BIM技术结合增强虚拟现实（Augmented Reality，AR）技术作为实现质量管控，质量信息收集、记录、处理的方式。在施工前，将质量计划BIM 3D建筑信息模型进度计划、资源信息、建筑构件随时间的质量控制、建筑构件随工序的质量控制录入BIM信息平台中。在施工现场，通过GPS或者现场测量定位在建工程所在的准确坐标位置，利用AR技术模拟施工和三维扫描技术对实际情况扫描，现场工程师手持便携移动设备终端iPad、智能手机等采集各个工作面的质量情况，然后对比实际和计划质量信息，发现偏差，运用数理统计方法（如六西格玛）对质量信息进行评定，对不在统计控制状态的偏差进行整改，将整个过程中形成的质量信息上传关联BIM模型。质量管理的重点是对质量实时跟踪、质量偏差原因分析，进而进行质量控制。图6.3.5为BIM的质量管理框架。

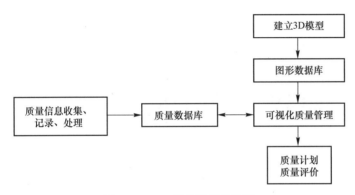

图6.3.5　BIM的质量管理框架

6.3.4　BIM质量管理系统的特点

在技术层面主要从信息传输、加工、使用三个方面来比较BIM与传统项目管理系统的区别。建筑项目参与方较多，信息输入多停留在本部门或者单体工程的界面，易形成质量信息孤岛；整体工程的相互传输不及时，阻碍了整个工程的信息统计汇总。

建筑行业是大数据行业，工程的图纸、文件、资料等质量文档一般以纸质的形式保存，由于电子文件格式繁多，没有统一的数据接口，因而无法随时查询工程质量信息，影响了质量管理信息的使用效率。BIM质量信息传输更加快速，直接将质量信息关联到BIM模型。项目各参与方通过BIM信息平台，在一定的权限范围内可查看质量信息，为协同管理及集成管理提供支撑，通过友好的人机交互界面及动态的系统管理，实现强大的人机对话功能。

BIM管理系统综合BIM技术、人工智能、工程数据库、虚拟现实、网络技术、扫描技术等，并结合建筑项目实际需要和规范要求进行开发设计。BIM管理系统具有以下特点：首先，应用了4D施工管理模型（三维建筑信息模型添加时间信息），实现项目优化控制和可视化管理，为确保工程质量提供了科学有效的管理手段，更注重事前控制；其次，应用了可视化技术，能提供建筑构件的空间关系、进度运行情况及随进度形成的质量信息；最后，应用了网络化和数字通信技术，方便项目各参与方的沟通协调，使原先错综复杂的关系更加有序，实现远程控制。

BIM技术在施工过程中的质量控制的最大优点就是提高了施工单位项目部内部员工间对实时质量信息的沟通效率，而且大大改善了施工单位与其他项目参与方的沟通机制。比如，施工单位项目部的质量员发现问题形成文档找班组长，班组长找操作人员进行整改，需要的时间较长而且比较烦琐。基于BIM的沟通，可随时随地地查看质量信息，通过移动端就能要求整改并上传质量信息，项目负责人只需打开相关的系统及软件就能实时查阅质量信息及发送指令，便于远程控制。

6.4　BIM质量管理实施要点

想一想

BIM 技术出现后，对传统施工信息化技术需要做哪些改进？

6.4.1　BIM质量管理系统组织机构

基于BIM技术的质量控制组织设计首先是在信息沟通方面，各参与方和参与单位内部人员的沟通均是针对建立的BIM模型，信息连续且唯一，旨在解决信息沟通障碍及流失问题；其次，项目一切活动的根据是BIM模型，进度和成本等相关其他部门都是相互沟通协调的；然后，BIM的质量控制均是依据相关规范和设计要求，管理方面具有标准化；最后，将过去的教训和经验，应用到新项目，增强项目知识管理能力。

BIM质量管理系统组织结构有职能式组织结构、直线式组织结构、矩阵式组织结构。其中，矩阵式组织结构沟通效率高，多部门协调能力强，对人员的素质要求较高。现代建筑业的飞速发展必须具有高效的沟通，项目日益复杂，只有多部门协作才能保证项目成功，组织结构要能保证项目信息统一到BIM模型，可见基于BIM的项目管理组织适合选择矩阵式组织结构。矩阵式组织结构中，横向多以职能部门来划分，纵向以项目的不同工种来划分。这种划分形式既明确了各个专项任务的承担者，又能得到各个职能部门的支持和配合。BIM质量管控的一切活动都是围绕统一的BIM模型展开的，质量控制部门的信息必须流向建筑信息模型，由决策者汇总并共享至各参与方的质量控制相关部门。基于BIM的质量管控的组织设计原则是保持信息流通畅、信息共享、可视化，方便、快捷、高效地进行质量管控。基于BIM的项目管理矩阵式组织结构如图6.4.1所示。

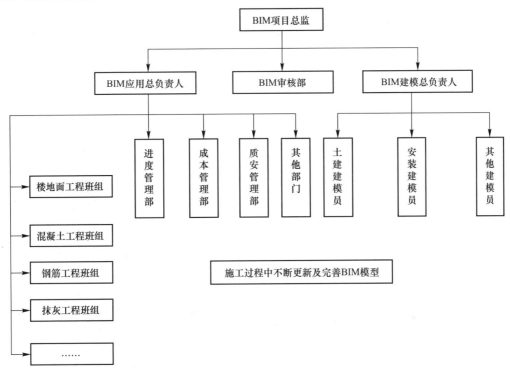

图6.4.1　基于BIM的项目管理矩阵式组织结构

6.4.2　BIM质量管理人员责任

　　BIM团队的成员由原先分散在不同部门的增加了BIM职责的人员组成，BIM项目管理团队设计的重点是加强施工企业与各参与方的沟通、企业内部各部门及同部门人员之间的协调和沟通。BIM人才架构建设是实现基于BIM的质量控制的基础。

　　由以上组织结构的设计可知，施工企业基于BIM的质量管控是全员参与、全面的控制，BIM的质量控制方面的相关应用人员大致上可以分为以下几种：BIM项目总监、BIM技术员、BIM协调员、各分部分项工程施工班组长及一线作业人员。在很大程度上，人员素质和专业技术水平的高低决定BIM项目实施的成败。通常BIM人才分类分为软件开发人员、标准制定人员、建模人员及应用人员等，本书提到的BIM专业能力主要包括BIM理论知识的掌握情况、软件的操作能力、工程经验等。

6.4.3 项目的质量数据

基于BIM实施工程管理，整体的核心方式是通过前台操作窗口将质量信息录入BIM模型中，再由模型的构件集成质量信息，最后以独立标签的形式反馈回前台操作窗口，在窗口中进行质量信息的浏览与管理。质量信息包括三部分：基础信息、记录信息和处理信息。

（1）基础信息。基础信息包括时间信息和坐标信息。BIM质量数据库是建立在三维模型和施工时间节点上的，因此在基础信息上必须把质量发生点与时间和空间相关联。

时间信息在管理系统中起到序列号的作用，它对质量信息的划分、归类起到排序的作用。并且在工程项目中，时间信息同时也作为质量保证的关键要素之一。为此，时间信息是极为重要并且是首先需要的数据内容。

坐标信息作为质量信息的对象判断依据，在BIM质量管理系统中分为两类：平面图中的平面坐标、三维BIM模型中的实际构件编号。平面图中的平面坐标是常规工程项目中使用的坐标方式，通过轴网编号确定质量对象。在BIM质量管理系统中，坐标拥有了更为简单的确认方式：直接通过构件对象的选择，明确标识出质量信息的对象，以三维还原的方式表示出现场质量所代表的构件对象。

（2）记录信息。记录信息作为质量的情况记录，通过传统的文字叙述表达关于质量的具体情况，并汇入BIM模型，成为构件的属性信息。在工程项目中，记录信息是BIM质量管理系统的核心，信息的种类划分、逻辑划分、阶段划分是管理系统的前提条件，为此，系统先行完成对工程质量管理的分类。BIM质量管理系统对记录信息进行分类，如原材料加工质量信息、现场施工质量信息、现场检查验收质量信息等。

将现场质量信息记录之后，需将信息录入BIM模型中，为原有模型再增加一项新的质量信息维度。质量信息中，包含了质量情况、时间、具体内容、处理情况等，并加入现场采集的实时信息，形成完整质量信息，与BIM模型中特定构件进行关联（图6.4.2）。

（3）处理信息。处理信息的内容主要分为三点：质量问题发现、质量问题处理、质量问题分析。对应这三种质量问题的处理情况，BIM管理系统中采用不同的标签对各类信息进行区别。具体工具上，手机、iPad都可下载iBan客户端，查看设计图纸施工部位的质量信息，方便施工员、监理员、班组长及施工人员核对信息，相较于传统的查看多张图纸并且有时还要具有二维转化成三维的空间想象能力，更加方便。传统方法麻烦而且较易出错，而应用BIM则省时省力且准确性高。施工员要及时将质量核对的时间、天气、工程部位等文字信息和反映质量状况的图片信息录入BIM模型。

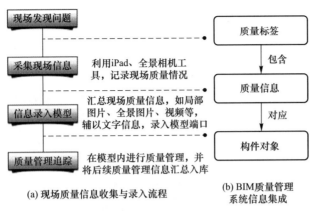

图6.4.2　基于BIM质量管理关键流程

可见，质量处理信息充分反映了质量管理中动态控制的原理，可以使质量管理者通过BIM实施平台，清晰了解工程中的质量问题发生、处理、解决的状态，提升了对工程项目的整体掌控能力。

在记录完现场情况后，将记录的质量信息联网上传至数据库中，完成对整体BIM模型的录入工作。在将质量情况录入模型后，通过模型完成对现场质量的分析，并依据质量问题严重情况，向施工单位派发通知单。质量管理系统随之提升标签等级，以醒目红色标记标识此处已由监理工程师派发通知单，提醒业主注意。派发通知单三天后，施工方通知监理方已完成整改。

知识拓展

目前，将移动设备引入建筑业正在引发项目施工和管理模式的重大变革。利用云计算技术，有助于确保整个项目团队参与协调过程，缩短协调周期，为团队成员提供了可以随时随地查看设计文件的工具。除此之外，与项目设计和建造相关的所有团队还能更方便地查看最新项目模型并实时进行冲突检测，节省项目设计和建设项目所需的时间和资金。

目前，与Revit等配合最好的软件是Autodesk BIM 360 Glue，它具有优秀的用户界面，可支持较大项目模型。通过使用Autodesk BIM 360 Glue软件，用户能够更方便地在Autodesk Navisworks软件和Autodesk BIM 360 Glue之间进行无缝切换，从而创建出更加智能和流畅的工作流程。新版Autodesk BIM 360 Glue目前可支持超过50种不同的3D格式，用户可运用Autodesk BIM 360 Glue来进行团队协作，并将调整后的模型直接输入Autodesk Navisworks软件，以便于在Autodesk Navisworks中进一步对项目进行高级分析、制定4D动画时间表以及完成基于模型的工程算量。升级后的Autodesk BIM 360 Glue移动应用提供更加无缝的数据传递，支持用户"随时随地"访问关键项目数据的Autodesk Navisworks模型。

Autodesk BIM 360 Layout，此软件通过BIM 360云端服务，可为一般承包商和机电承包商链接建筑资讯模型与施工放样流程。通过Topcon公司开发的全站仪，新的软件能将数码模型的设计意图与真实世界链接。利用Wifi与Topcon LN-100全站仪直接连线，现场使用者会根据BIM 360 Layout应用程序中3D模型产生的位置，被引导到工地现场的实体位置。

利用激光指引精密度来取代容易出错的手动放样方式，Autodesk BIM 360 Layout可让建筑物的设计能更正确、更快速地在营造工地实现，进而改善现场的准确度与生产力，最终带动营造工程进展加速，让建筑专案能准时且在预算内完成（图6.4.3）。

BIM 360 Layout App的使用者能够将协调模型内的现场点建立流程与实际放样流程的模型链接，无须人工准备与汇出点清单。采用Autodesk Point Layout，并与Autodesk CAD、Autodesk Navisworks或Autodesk Revit链接的承包商可将包含现场点的模型汇入BIM 360 Glue网络服务，使其与iPad上的BIM 360 Layout同步作业（图6.4.4）。

图6.4.3　BIM 360 Layout建筑模型沉浸式检视

图6.4.4　BIM 360 Layout App与Topcon LN-100全站仪链接（来自PCL Construction）

广联达BIM浏览器GMS2012是一款可在iPad中查看、管理BIM模型及构件信息的软件，可以帮助在施工现场、在客户办公室随时随地浏览三维模型。特别是在施工现场查看复杂部位的机电模型以指导施工（图6.4.5），同时还可以在现场核对、记录问题，可以通过模型测量距离并与实际工程对比（图6.4.6）。

图6.4.5　广联达GMS2012浏览器设计模型与实际施工对比

图6.4.6　施工现场的检查与记录

 模块小结

　　质量管理是工程项目施工实施过程中一项主要内容，建立质量管理体系是企业质量管理工作的第一步，建筑物质量控制涉及从项目可行性研究到使用期维护等各个阶段，其中施工阶段质量验收应划分为单位工程、分部工程、分项工程和检验批。由于实际工程管理中存在的较多的人为因素，实施标准化质量评价和监控体系是工程项目管理的必然趋势，BIM技术为建筑施工信息化提供了技术途径。BIM技术对工程质量的管理是建立在建筑物三维模型和时间进度基础上的，BIM技术在施工质量管理上的应用主要包括技术交底、质量检查对比、预留洞口和碰撞检查。BIM技术项目质量管理实施过程中项目组必须建立BIM实施构架，并配置相应的BIM技术人员，利用移动设备和云技术对项目实施过程中的质量数据进行实时采集和分析。

习 题

1. 质量管理的核心是建立有效的（　　　）。

 A. 质量目标   B. 质量方针

 C. 质量保证体系   D. 质量管理体系

2. 质量管理的首要任务是制定质量（　　　）。

 A. 方针目标   B. 质量管理体系

 C. 质量控制标准   D. 质量检验标准

3. 下列影响工程施工质量的因素中，属于施工质量管理环境因素的是（　　　）。

 A. 施工企业的质量管理制度 B. 施工现场的安全防护设施

 C. 施工现场的交通运输和道路条件 D. 不可抗力对施工质量的影响

4. 影响施工项目质量的五大因素是（　　　）。

 A. 人、材料、机械设备、工艺方法、安全

 B. 人、材料、机械设备、工艺流程、劳动环境

 C. 人、材料、机械设备、工艺方法、环境

 D. 人、材料、机械设备、技术方案、工程技术环境

5. 施工质量检查中工序交接检查的"三检"制度是指（　　　）。

 A. 质量员检查、技术负责人检查、项目经理检查

 B. 施工单位检查、监理单位检查、建设单位检查

 C. 自检、互检、专检

 D. 施工单位内部检查、监理单位检查、质量监督机构检查

6. 质量管理的首要任务是（　　　）。

 A. 确定质量方针、目标和职责

 B. 建立有效的质量管理体系

 C. 质量策划、质量控制、质量保证和质量改进

 D. 确保质量方针、目标的实施和实现

7. 工程项目分部工程质量验收合格的基本条件有（　　　）。

 A. 主控项目质量检验合格 B. 所含分项工程验收合格

 C. 质量控制资料完整   D. 观感质量验收符合要求

 E. 涉及安全和使用功能的分部工程检验结果符合规定

8. （　　　）不是施工单位考察选定预制工厂的重要关注点。

 A. 预制工厂相应的资格能力认定及具备构件生产的软硬件设施条件

 B. 预制工厂具有编制预制构件生产制作方案能力

 C. 预制工厂生产技术人员中必须有一定数量的一级注册建造师

 D. 预制工厂建立了完善的质量管理体系，具有保证构件生产质量的经验和能力

9. 预制构件经检查合格后，及时标记（　　　）。

 A. 工程名称   B. 施工单位

 C. 构件部位   D. 构件型号及编号

 E. 制作日期   F. 合格状态

10. BIM对传统质量管理的优势在于（　　　　）。

    A．克服了质量管理中施工单位主观因素的影响

    B．BIM具有不同于传统管理方法的技术标准

    C．BIM技术具有不依赖于人工质量的判别能力

    D．BIM技术能充分协调各工种工作的能力

11. 基于BIM质量信息模型主要表现在（　　　　）。

    A．产品质量管理　　　　　　　　B．质量信息资料管理

    C．劳动力管理　　　　　　　　　D．物联网管理

12. 现阶段BIM质量管理主要应用于（　　　　）。

    A．隐蔽工程查验　　　　　　　　B．设计碰撞管理

    C．质量检查比对　　　　　　　　D．焊缝质量检验

13. 工程项目BIM的质量控制方面的相关应用人员大致上可以分为（　　　　）。

    A．BIM项目总监

    B．BIM技术员

    C．BIM协调员

    D．各分部分项工程施工班组长及一线作业人员

    E．项目设计人员

14. BIM质量信息处理工作包括（　　　　）。

    A．基础信息　　　　　　　　　　B．更改信息

    C．记录信息　　　　　　　　　　D．处理信息

15. BIM质量管理是在三维模型上再加入质量信息，它包括（　　　　）。

    A．质量检查情况　　　　　　　　B．质量检查时间

    C．质量问题具体内容　　　　　　D．质量问题追踪

    E．质量问题处理情况

习题答案

1．D　　　　2．A　　　　3．A　　　　4．C　　　　5．C　　　　6．A

7．BCD　　8．C　　　　9．ACDEF　10．AD　　　11．AB　　　12．BC

13．ABCD　14．ACD　　15．ABCE

知识目标

1. 了解安全和安全管理的基本概念，熟悉装配式建筑施工阶段的安全管理。
2. 掌握装配式建筑安全管理的特点。
3. 了解基于BIM平台现场安全监控系统结构。

能力目标

1. 能够构建安全管理模型的框架、施工过程安全监控和预警模型。
2. 能进行安全信息输入和功能分析。

知识导引

　　随着社会可持续发展观念的不断深入，资源、环境问题日益严重，劳动力不足，人工费比例不断增加，节能环保的装配式建筑逐渐成为人们关注的热点，但是工业化的施工过程出现的"错漏碰缺"、施工管理过程中信息的不对称等问题在一定程度上制约着装配式建筑的发展。近年来，很多研究人员也对装配式建筑做了各种研究，目前主要利用BIM和RFID两个系统集成，并应用于包括从构件制作到安装完成的具体实施过程管理。BIM技术在装配式建筑施工管理中的应用主要包括三个部分：施工场地管理、5D动态成本控制和可视化交底。RFID作为新兴的信息采集工具，信息采集及时准确，作用对象广泛并具有信息存储功能，自动化程度高。而BIM作为先进的信息化技术，其可视化、交互共享、协同作业等功能已经在国内外建筑领域得到了快速发展和广泛应用。两者集成使信息自动采集并通过BIM模型可视化动态展现。将RFID与BIM进行集成，构建施工现场安全监控系统，用于解决目前施工现场安全监控手工录入纸质传递，施工方一方主导，凭经验管理，信息传递不及时、沟通不顺畅等问题，以实现施工安全的自动化、信息化、可视化、全程性的高效监控。

7.1　建筑施工阶段安全管理

安全生产是实现建设工程质量、进度与造价三大控制目标的重要保障。近年来，建筑工业水平的提高和装配式混凝土结构的大力推进，对传统的建筑施工安全生产管理提出新的要求。应用BIM技术可以将安全问题与施工规划更紧密地联系起来，从而改善劳动安全。

7.1.1　建筑安全管理基本原理

> 影响建筑安全管理的因素是什么？建设项目安全管理的原理是什么？

建筑工程施工安全管理的目的是通过对施工过程中的危险源进行控制和管理，避免安全事故的发生，保证施工过程中产品和工作人员的安全。建筑安全管理的原理主要有系统原理、PDCA循环原理、动态控制原理、全面管理等。

1. 系统原理

系统原理是现代管理学的一个最基本原理。它是指人们在从事管理工作时，运用系统观点、理论和方法，对管理活动进行充分的系统分析，以达到管理的优化目标，即用系统论的观点、理论和方法来认识和处理管理中出现的问题。

系统由若干处于一定环境相互作用的部分组合而成，其基本思想是整体性、综合性，要求人们从整体的角度分析解决问题。在安全管理过程中，为了达到管理目标的优化，需要应用系统理论进行充分的分析。系统原理在建筑工程施工安全管理中应考虑以下几个因素：

（1）确保基本安全管理目标的实现。政府部门需要制定有关的强制性安全标准，施工单位也必须编制安全施工组织计划和应急措施，确保建筑工程基本安全管理目标的实现。因为这关系到各参与方的生命财产安全，影响社会和谐稳定。

（2）建筑工程施工安全管理对实现投资、质量和进度三大目标的促进作用。

（3）安全管理目标的制定和实际情况相结合。在制定安全管理目标时，要结合项目实际情况和外界环境的影响，避免因目标过高，脱离实际而失去意义。

2．PDCA循环原理

PDCA循环，是从实践中得出的基本管理理论，可以应用在各个行业，P、D、C、A分别指计划（Plan）、执行（Do）、检查（Check）、处理（Act）。首先确定管理目标，由管理系统输出重要的信息，输入作用的结果，经过多次信息输出、输入，对其作用的物体进行可持续的控制，以达到预期目标。在运用此理论时要注意以下两点：

（1）反馈的信息必须及时、准确，在系统管理中，如果能够及时地获得准确的信息，管理的质量将会大大提高。

（2）反馈的方法要科学严谨，在管理信息的反馈中，使系统运行的每个环节都要有自己的PDCA循环，经过每次循环都能总结经验、纠正缺点、制订新计划并予以实施，使管理走向更高层次和水平。

3．动态控制原理

由于建筑工程项目建设周期较长，期间包括很多复杂的施工活动，也会涉及很多影响安全生产的要素，而这些不安全因素在施工过程中不是固定不变的，因此施工安全管理方案也要根据项目的进展情况及时优化更新，对建筑工程施工活动进行动态管理和控制。根据控制的时间不同动态控制可以分为事前、事中和事后控制。

（1）事前控制要求提前编制可行、有效的施工组织设计，制订施工安全管理计划。事前控制包括两个方面：首先，明确安全管理目标和计划，并对安全管理目标和计划进行预先控制；其次，做好安全施工准备工作，对安全生产活动准备工作进行预先控制。

（2）事中控制是指在施工过程中进行安全控制，包括自我控制和他人监控两个方面。其中，自我控制是指施工过程中，不同施工活动作业者在相关制度的管理下，进行的自我行为的控制；他人监控是指施工企业和监理单位对施工安全生产活动的监管，而合理的外部监控措施可以促进作业者的自我控制能力，更好地达到安全控制效果。

（3）事后控制是对安全施工活动结果的评价以及偏差的纠正。由于建筑工程项目施工技术复杂，建设周期较长，施工过程中可能会出现一些无法预料的影响项目目标实现的因素，这些因素会导致实际值和目标值出现较大偏差，使项目施工过程中出现安全隐患；因而需要分析偏差出现的原因，纠正可能导致安全事故的偏差，使施工活动处于安全受控状态。

4．全面管理

全面控制下的安全管理，要求施工企业的所有工作人员对项目施工活动的全过程进行全方位和全天候的安全生产管理。全过程管理是指施工企业对项目施工阶段涉及的全部生产过程进行安全控制，可以通过施工项目组织规划、施工现场的安全控制等安全管理具体措施来推进。由于影响项目整体安全目标的因素很多，只有全方位地对这些因素加以有效控制和管理，才能够保证建设项目整体安全目标顺利实现。全员参与管理要求所有项目参与人员都必须承担起相应的安全职责，真正做到"安全生产，人人有责"，人人身上有安全指标；全天候管理是指不管项目处于什么状况，项目参与人员都应该时刻把施工安全放在第一位，做好各个阶段的安全管理。

7.1.2 施工现场风险管理过程

想一想

建筑业自身的特点是导致建筑行业成为高危行业、安全风险大的重要原因，还有哪些原因会导致现场事故的发生？目前建筑业安全管理上存在哪些问题？

建筑工程安全风险管理是一个在识别、确定和衡量风险的基础上制定、选择和实施风险处理方案的过程。施工阶段主要识别与施工现场活动有关的危险源，然后对危险源进行分析，制定控制措施。安全风险管理建立明确的危险源识别、分析和控制措施体系，综合分析危险源之间的相互作用，进行全面系统的安全事故控制管理。由于施工活动是一个动态的过程，因此对安全风险的管理也要根据施工进度而不断优化更新。安全风险的动态管理包括安全风险识别、风险评价、风险应对决策、实施决策、检查五个环节，如图7.1.1所示。

识别出风险后需对风险进行评价，根据评价结果决策应对风险的措施；然后实施决策。过程中要检查决策是否按计划实施，如果已实施，要评价实施效果如何，风险是否得到有效的控制；最后进行下一轮的风险识别，如此反复以保证项目动态实施过程中，所有风险都能得到有效控制。

危险源安全风险管理主要包括危险源识别、安全风险评价、编制安全风险控制措施计划、评审控制措施计划的充分性、实施控制措施计划、检查等步骤，如图7.1.2所示。

（1）危险源识别。识别与建筑工程施工现场所有管理活动有关的危险源，找出所有影响项目安全目标实现的不安全因素。

（2）安全风险评价。在安全计划和控制措施合理的情况下，分别对已经识别出的各项危险源潜在的安全风险进行主观评价。

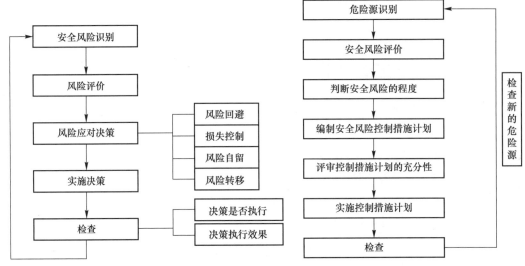

图7.1.1 建筑工程安全风险管理的过程　　　　图7.1.2 危险源安全风险管理的步骤

（3）判断安全风险的程度。在对安全风险进行主观评价后，判断安全风险的程度。

（4）编制安全风险控制措施计划。项目管理人员应通过编制安全应急预案和控制措施，管理经过安全风险评价确定的重大危险源，保证安全管理措施在项目当前状况下仍然适用有效。

（5）评审控制措施计划的充分性。安全风险控制措施计划优化修改后，需要重新进行安全风险评价，确保安全风险能够得到有效的控制。

（6）实施控制措施计划。已评审合格的安全风险控制措施要落实到建筑工程安全施工过程中。

（7）检查。检查安全风险控制措施在项目实施过程中的执行情况，并对其执行效果进行评价；在项目生产过程中，当主客观条件发生变化时，检查当前安全控制措施是否能够满足要求、是否需要制定新的安全风险管理方案。检查过程中如果发现新的安全风险，则需要进行新的安全风险管理过程。

7.1.3　施工现场主要危险源

危险源是指在一个系统中，具有潜在释放危险的因素，一定的条件下有可能转化为安全事故发生的部位、区域、场所、空间、设备、岗位及位置。为了便于对危险源进行识别和分析，可以根据危险源在事故中起到的作用不同分为第一类危险源、第二类危险源。

第一类危险源是指生产过程中存在的，可能发生意外释放的能量或有害物质；第二类危险源是指导致约束能量或有害物质的限制措施破坏或失效的各种因素，主要包括物的故障、人的失误和环境因素等。

建筑工程安全事故的发生，通常是由这两类危险源共同作用导致的。根据引起事故的类型将危险源造成的事故分为20类，其中建筑工程施工生产中主要的事故类型有高空坠落、物体打击、机械伤害、坍塌事故、火灾和触电事故。而事故发生的位置主要有洞口和临边、脚手架、塔式起重机、基坑、模板、井字架和龙门架、施工机具、外用电梯、临时设施等。

7.1.4　建筑工程安全风险评价

建筑工程安全风险评价是指评估施工过程中危险源所带来的风险大小并确定风险是否容许的全过程，危险源的评价应该考虑发生的可能性和发生后可能产生的后果两个因素。通过对建筑工程施工阶段的危险源进行安全风险评价和分级，制订安全风险控制计划，实现项目制定的安全目标。建筑工程项目施工阶段的安全风险最终表现形式是安全事故，安全风险控制的目的是避免安全事故的发生。

危险源安全风险评价方法主要有定量风险评价法（如概率风险评价法）和定性风险评价法（如作业条件危险性评价法）。

（1）概率风险评价法。概率风险评价法指安全风险的大小（R）取决于各种可能风险发生的概率（p）和发生后的潜在损失（q），即$R=f(p, q)$。根据估算结果，可对风险的大小进行分级。其中1代表可忽略风险，2代表可容许风险，3代表中度风险，4代表重大风险，5代表不容许风险，如表7.1.1所示。

表7.1.1　风险等级表

概率/后果	轻度损失	重度损失	重大损失
很大	3	4	5
中等	2	3	4
极小	1	2	3

建筑工程施工阶段安全风险评估内容有三个：保证安全生产的成本投入；安全生产事故造成的直接损失；安全生产事故造成的间接损失。评估应结合定性和定量风险分析，对建筑施工过程中安全风险可能发生的概率和后果进行评价，根据分析结果和风险特性制定具体的风险控制措施。

（2）作业条件危险性评价法。作业条件危险性评价法，是把要评价的施工环境和参数对比取值，来判定作业环境的危险分值（D）。

$$D=L \times E \times C$$

式中　L——发生事故可能性大小；

　　　E——人体处于危险环境频繁程度；

　　　C——发生事故可能造成的后果。

*L*取值：绝对不可能的事故发生概率为0，但是从系统安全角度考虑，通常将可能性极小的事故分数定位0.1，可能性最大的事故分数定为10，其他取值为0.1～10。

*E*取值：根据处于危险环境的频繁程度不同，*E*最大定为10，最小定为0.5，两者之间再定出若干个中间值。

*C*取值：根据事故造成的后果严重程度，把需要救护的轻微伤害分数值定为1，造成多人死亡的值定为100，其他情况取值在两者之间。

危险等级是依据经验划分的，并非固定不变。不同时期应结合实际情况加以修正，以确保评价结果能真实反映危险状况等级。

（3）安全检查表法。安全检查表法就是把要评估的过程展开，列出各层次的不安全因素，确定检查项目，以提问的方式把检查项目按顺序编制成表进行检查评审。

（4）专家评估法。专家评估法就是将熟悉项目的技术、管理人员和经验丰富的安全工程专家组成评审小组，评价出对本工程项目施工安全有重大影响的重大危险源。

7.2 基于BIM平台现场监控与预警

想一想

根据项目安全管理要求和 BIM 技术特点，如何构建 BIM 安全管理框架？

7.2.1 系统框架体系

1. 系统原理

前面内容已经讲过，RFID是一种非接触式的自动识别技术，用于信息采集，通常由读写器、RFID标签组成。RFID标签防水、防油，能穿透纸张、木材、塑胶等进行识别，可储存多种信息且容量可达到10MB以上。因此RFID标签十分适合应用于施工现场这种比较复杂的环境。RFID技术与ZigBee技术（是一种短矩离、低耗能的无线通信技术）结合构建安全信息管理模式可主动预防高空坠物。利用RFID技术标记重型装备和工人安全设备，当工人和设备进入危险工作领域后将触发警告，立即通过工人及相关管理者，增强现场人员管理。

BIM是建设项目物理和功能特性的数字表达，它集成了项目信息，支持各阶段不同参与方之间的信息交流和共享。在施工现场安全监控上，BIM三维可视化在分析、安全控制和监控潜在危险上实例验证效果显著。利用BIM 4D模型进行结构冲突碰撞等安全分析，可以对施工过程的安全问题进行管理和预警。针对建筑施工结构安全管理，基于BIM 4D技术和时变结构连续动态的全过程分析问题使得分析结构三维可视化。

BIM与RFID标签信息通过应用程序接口进行信息交互。RFID标签信息作为BIM数据库的分析数据，在设计阶段就将对象的特点信息（ID、工作区域等信息）添加到BIM数据库中。过程中随着标签的不断扫描、信息不断更新并与BIM交互，基于RFID与BIM集成的施工安全管理系统便可以实时可视化呈现对象位置等信息，并自动存储、循环形成BIM数据库（图7.2.1）。

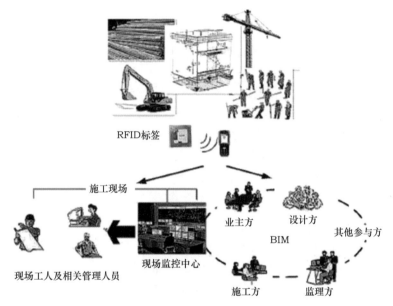

图7.2.1 基于RFID与BIM集成的施工现场安全监控系统原理示意

2. 系统结构

基于RFID与BIM集成的施工安全管理系统结构分为三个层次：信息采集层、信息处理层和安全管理应用层。系统结构如图7.2.2所示。

（1）信息采集层。信息采集层通过RFID读写器采集现场RFID标签的信息，进行实时定位跟踪。信息采集工作分定义标签、布设标签和安装相关设备、定位跟踪三个步骤进行。

①定义标签。标签的定义发生于施工前，现场管理人员根据安全管理小组协同安全分析得出的安全隐患清单，对应清单中监控对象并结合现场的实际情况，定义不同对象（如人、材、机、构件）RFID标签的种类，确定标签及相应设备的数目，规划布设位置。项目安全管理小组是针对项目安全，由现场监控中心和现场施工、监理等管理人员以及其他参与方（如业主）、供应方管理人员组成的，其负责项目的安全管理。

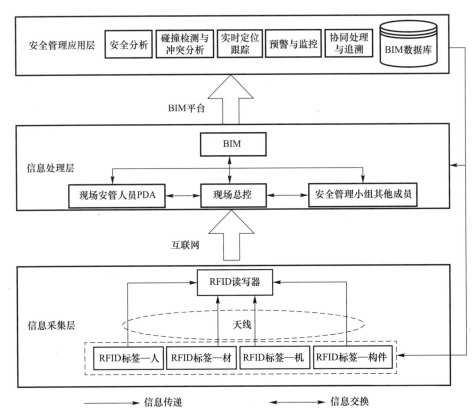

图7.2.2 基于RFID与BIM的集成施工现场安全监控系统结构

② 布设标签和安装相关设备。标签定义完成之后，首先向标签存储ID、对象属性、安全护具、工作区域等基础信息并添加到BIM模型中，然后根据规划方案布设设备，对照不同对象布设相应标签。

③ 定位跟踪。当作业人员通过区域入口时，通过人员佩戴的标签、工作区域等信息识别确定该人员是否准入，通过安全装备内设置的标签感应人员安全装备是否携带完整，不符要求的不准进入。作业人员进入作业区域后，RFID读写器通过连续采集标签信息对人员内进行定位并通过BIM 3D/4D模型可视化动态展现人员位置和周围环境，一旦人员发生意外或者进入错误区域，系统将对超出预设安全标准的情形发出警报，现场监控人员能通过BIM 3D模型迅速发现人员位置并进行处理。通过扫描材料、机械上的标签信息，就可使BIM 3D/4D模型在时空范围内动态看到对象所在位置，周围是否具有风险。比如，起重机标签设定3.5m内为危险区域，在施工移动过程中若有人员进入这个区域内，BIM模型中对应的人员模块周围就会显示相应颜色进行报警。同样，对于已经施工完成的墙体、混凝土构件、脚手架等构件也是通过连续扫描标签从而通过相关数据实时监测判定对象是否处于安全状态的。

（2）信息处理层。RFID读写器扫描标签后，信息通过互联网自动传输到BIM 3D/4D模型中动态呈现时空中对象的位置、周围环境、检测参数等安全状态。项目安全管理小组所有成员可以随时查看现场各个角落的安全状况，立体直观，一目了然。一旦出现人的不安全行为或者物及周围环境的不安全状态，BIM模型上就会分等级进行警报。比如，定位跟踪人员在安全区域，BIM模型对应的人员模块周围显示为绿色，若处于隐患区域周围则变成黄色并给予警鸣，若人员在警报后仍继续接近进入危险区域则模块周围就变成红色并连续警鸣，现场管理人员则出面处理，若仍无法解决则由安全管理小组协同处理。现场之外其他成员无须赶到现场，可通过BIM可视化模型查看具体情况并通过BIM进行及时沟通协同分析，提出相应措施（图7.2.3）。

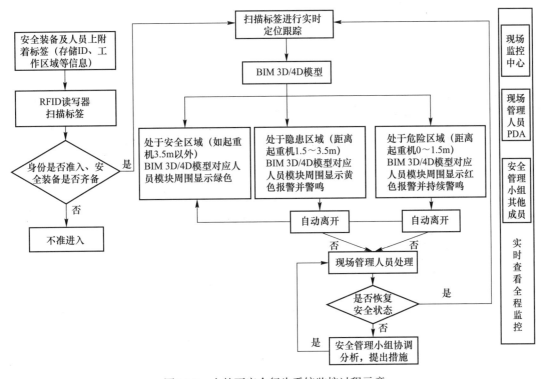

图7.2.3　人的不安全行为系统监控过程示意

（3）安全管理应用层。有效的施工现场安全监控开始于项目实施的较前阶段。本系统开始于施工前，分为分析阶段、监控阶段。分析阶段发生于设计阶段，主要工作一是多方协同对安全隐患的定义与分析，得出危险识别和控制清单并针对清单对象进行标签设置和BIM模型标记；二是通过BIM的虚拟建设对施工过程进行仿真模拟，排除施工中可能出现的可避免的安全问题，对不可避免的安全问题提出相应预防措施；三是通过BIM进行结构冲突、碰撞检验，避免结构上引起的安全问题。监控阶段发生于施工阶段，首先根据上一阶段分析结果设立监控对象，定义标签类型，布设设备和附着标签；然后，在施工过程中通过连续扫描标签信息BIM 3D/4D模型可视化跟踪定位；最后，监控过程信息自动更新形成BIM安全信息数据库。每个施工活动前，班组和现场管理人员通过查看系统对该活动进行安全技术交底，对照BIM模型中预先标记的具有安全隐患的工序和区域进行预先防范和控制。项目安全管理小组通过查看系统就能看到即时现场施工进行情况及各个对象所处的安全状态，对于警报和安全隐患无须到达现场就可进行虚拟现场状况查看和安全分析，并进行在线沟通和协同处理。除此之外，小组成员中的现场监控中心和现场管理人员还负责现场日常的安全监察及对处理措施的具体实施。一旦事故发生，项目安全管理小组无须到达现场便可在第一时间可视化看到事故发生的位置及周围环境，在线及时沟通，共同商讨处理方案，并通过系统进行数据追溯，迅速找出事故发生的原因，便于事故的尽快处理和减少影响。系统监控范围分布人、材、机、构件及平面布置等整个现场，过程跨越从设计到竣工、从事前、事中到事后的整个过程，对象涉及点（人、材、机、构件）、线（关键性或具有风险的工序）、面（具有隐患区域）（图7.2.4）。

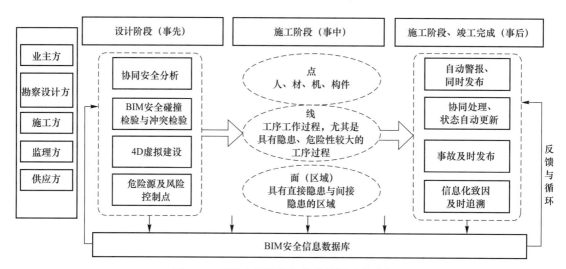

图7.2.4　系统全面监控与信息运用过程示意

知识拓展

RFID技术是物联网技术的核心，RFID无线射频识别系统组成部分一般包括电子标签、阅读器、中间件、应用软件系统，如图7.2.5所示。

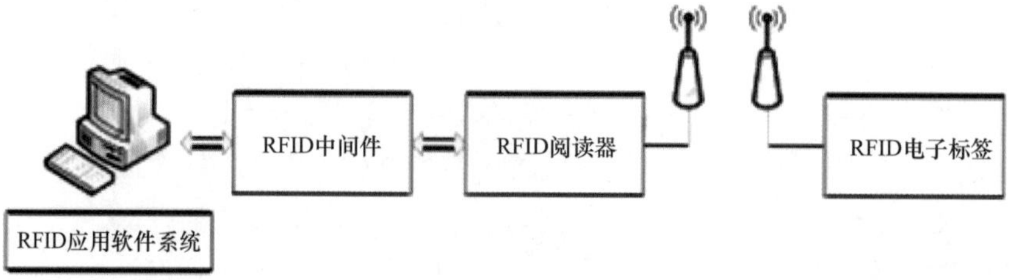

图7.2.5　RFID无线射频识别系统

（1）电子标签由一个约2mm^{2}的芯片与天线组成，通过半导体芯片识别附着对象的唯一电子编码。电子标签分为有源和无源两种标签，这两种标签的区别是天线发送RF信号的方式不同。并且有源标签相对于无源标签使用的期限较短，价格要高一些。有源标签使用期限通常在一年以上。

（2）RFID阅读器的作用是识别和读取标签中的信息，再将信息传至RFID中间件。

（3）RFID中间件对RFID阅读器中传递来的信息进行收集、备份、监督和管理，也提供数据信息的转换、过滤和分组机制。RFID中间件的关键作用是确保施工信息的安全。

（4）RFID应用软件系统是具有特定功能的应用系统，对收集的信息进行处理和计算，实现系统的具体应用功能，满足工作需求。它的主要功能是发出命令并接受警告。

7.2.2　安全要素划分

装配式建筑施工的特点决定了预制构件运输、存放、吊装，临时支撑体系，脚手架工程，高处作业安全防护，技术工人等方面都是安全管理的要点，许多安全问题在项目的早期设计阶段就已经存在，最有效的处理方法是通过从设计源头预防和消除安全隐患，对于那些不能通过设计修改的危险源进行现场的安全控制。基于BIM和RFID的建设项目安全要素包括四个系统：安全培训系统、安全监控系统、安全预警系统和安全应急系统。

1．安全培训系统

利用BIM技术建立4D安全模型，在项目施工，通过对施工过程的仿真模拟，提前发现施工过程中的安全风险以及可能会出现的安全问题，划分安全风险区域等级，明确项目管理者、安全管理人员和具体的施工作业工人的安全责任和义务，对事故过程中的安全风险了然于胸，据此可以对施工人员进行安全培训，让其学习操作规范、流程、标准等安全知识，增强安全意识，防止安全事故发生。在安全培训时，对安全事故发生频繁的施工现场进行模拟，建立对应的BIM模型，在各建筑工人、机械设备、构件上安装RFID标签，通过模拟施工的方式直观、有效地进行新员工的安全培训。例如，起重机的碰撞模拟如图7.2.6所示。

2．安全监控系统

按照建筑业安全事故发生的不同类型，建立相应的安全监控系统，主要包括高处坠落监控系统、物体打击监控系统、机械伤害监控系统、坍塌监控系统、触电监控系统、火灾事故监控系统、中毒事故监控系统。

安全监控系统可以通过RFID技术、无线传感器网络（Wireless Sensor Networks，WSN）技术获取相应的实时位置信息、对象属性信息以及环境信息。RFID技术收集数据信息可以有效跟踪施工现场的工人、材料、机械设备等，并在安全监控系统中反映出三维位置信息，监控建筑现场的施工过程。一旦人、施工机械进入安全危险区域或者模板支撑体系、脚手架出现安全隐患可以立即发现，并在安全预警系统中发出预警信号，及时采取应对措施，有效地降低安全事故发生的可能性。图7.2.7直观显示了安全监控系统监控塔式起重机吊装构件的过程，通过阅读器阅读附着在构件上的RFID标签，了解构件的尺寸信息等属性信息，并在BIM安全模型中显示其三维空间的位置。在塔式起重机吊装路线正下方以构件的长度为直径的圆区域内都是危险区域，施工作业人员一旦进入此区域就会触发安全警报，由安全预警系统发出提醒信息，对于没有进入危险区域的建筑工人可以在安全管理系统中显示与危险区域的有效距离，可以加强施工人员的防范意识，避免构件掉落造成物体打击事故和人员伤亡。

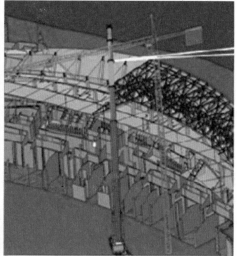

图7.2.6　起重机的碰撞模拟

图7.2.7　安全监控系统监控塔式起重机吊装构件的过程

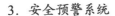

3. 安全预警系统

安全预警系统应该满足以下三种功能要求：安全警报发送系统、安全警报的反馈系统和安全模型更新机制。一旦出现发生安全事故的可能性超过预警值，建设项目安全管理系统便会运用安全警报发送系统，通过广播、警报器或者实时通信技术，第一时间将危险信号传递给相关人员，进入危险区域的施工工人收到警报后，观察并确认周边是否有安全隐患的存在，通过安全警报的反馈系统确认危险警报，采取相应保护措施。当安全系统的安全规则与现场施工的具体情况出现偏差时，需要通过安全模型的更新机制及时对安全模型进行更新。例如，施工人员对某一个洞口安装临时防护装置时，调整过程不应该发送警报，防护装置安装完成后应该对安全模型中此洞口进行相应的风险等级调整，安装工人的风险权限也应相应调整。

4. 安全应急系统

安全应急系统主要包括安全事故分析报告、安全事故相关案例、安全事故处理机制和安全事故报警系统。一旦发生安全事故，安全应急系统的最大作用和目的是使安全事故所造成的危害和损失降到最低。结合BIM安全系统中的安全事故相关案例以及BIM数据库，自动生成安全分析报告，提出安全事故的应急处理机制，当事故现场不可控时，及时报警。

例如，当建筑施工现场发生火灾，火灾现场瞬息万变，依据RFID提供的施工人员的实时位置信息，迅速提供逃离火灾现场的逃生路线，或为救援人员提供被困人员准确的位置信息。

7.2.3　主要功能分析

1. 定位跟踪可视化，信息传输、存储自动化

RnD读写器通过人材机及构件上附着RFID标签的连续扫描进行跟踪定位，对象标签的实时位置、工作区域等信息则通过网络自动传入BIM安全系统，通过BIM 3D/4D模型可视化动态呈现现场即时的安全状态。当对象进入错误的区域或是出现安全隐患，系统就会发出警报，安全管理人员就可即时看到对象在现场的位置、周围环境等信息并进行及时处理。处于隐患区域的工人也会同时收到警报，自动离开。RFID标签内带存储功能，读写器每次读取，信息自动存储更新，从而使BIM信息不断更新扩充，一旦事故发生就可以通过信息追溯以最快速度发现事故致因，提高事故处理效率，减少不利影响。

与传统监控相比，信息的采集由RFID阅读器自动录入更新到系统并通过BIM平台实现信息交互的处理，改善了以往纸质传递、手工录入的方式，减少了管理人员的数量和工作量，提高了安全管理的效率。RFID技术是信息采集工具，BIM是信息可视化处理与共享平台，两者集成，RFID前端自动化、信息化采集与后端BIM信息可视化处理、共享形成交互，能使施工现场的安全监控无纸化、自动化、信息化，获得更为突出的监控效果。RFID与BIM集成在施工安全监控的运用优势对比分析如图7.2.8所示。

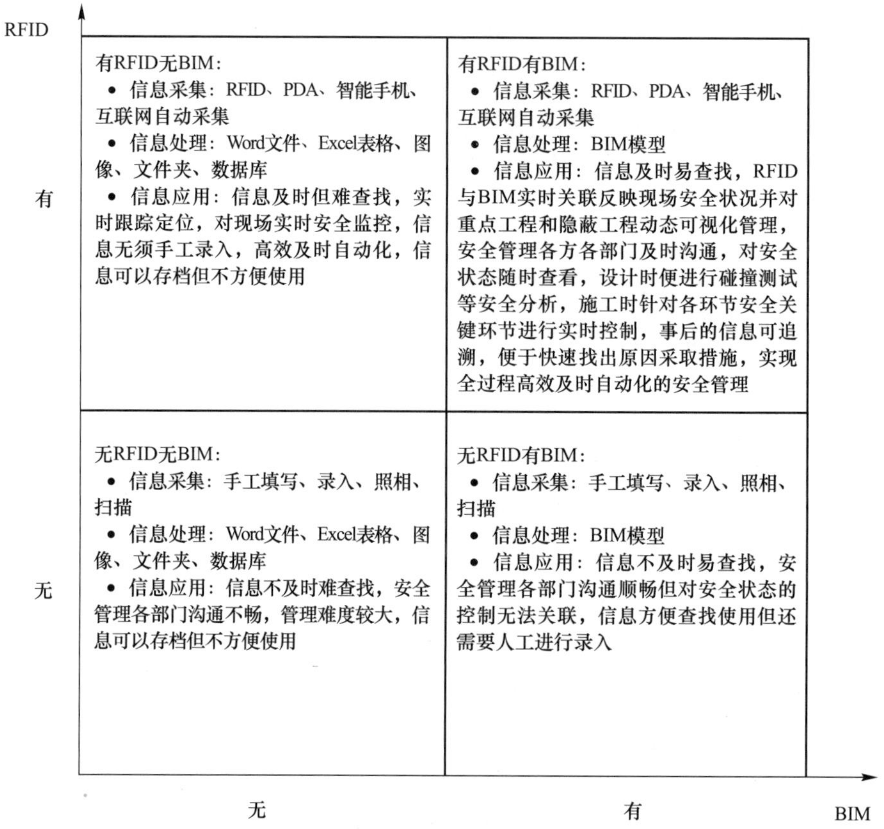
RFID
有
无
有RFID无BIM：
• 信息采集：RFID、PDA、智能手机、互联网自动采集
• 信息处理：Word文件、Excel表格、图像、文件夹、数据库
• 信息应用：信息及时但难查找，实时跟踪定位，对现场实时安全监控，信息无须手工录入，高效及时自动化，信息可以存档但不方便使用
有RFID有BIM：
• 信息采集：RFID、PDA、智能手机、互联网自动采集
• 信息处理：BIM模型
• 信息应用：信息及时易查找，RFID与BIM实时关联反映现场安全状况并对重点工程和隐蔽工程动态可视化管理，安全管理各方各部门及时沟通，对安全状态随时查看，设计时便进行碰撞测试等安全分析，施工时针对各环节安全关键环节进行实时控制，事后的信息可追溯，便于快速找出原因采取措施，实现全过程高效及时自动化的安全管理
无RFID无BIM：
• 信息采集：手工填写、录入、照相、扫描
• 信息处理：Word文件、Excel表格、图像、文件夹、数据库
• 信息应用：信息不及时难查找，安全管理各部门沟通不畅，管理难度较大，信息可以存档但不方便使用
无RFID有BIM：
• 信息采集：手工填写、录入、照相、扫描
• 信息处理：BIM模型
• 信息应用：信息不及时易查找，安全管理各部门沟通顺畅但对安全状态的控制无法关联，信息方便查找使用但还需要人工进行录入
无
有
BIM

图7.2.8　RFID与BIM集成在施工安全监控的运用优势对比分析

2. 贯穿事先、事中、事后全程，实现点、线、面的动态监控

安全监控的主要过程和核心在于施工现场，由于事故的发生具有因果和连锁效应，所以仅仅监控施工现场的安全是不能够完全预防和控制安全事故发生的。杜绝安全事故，应当从施工前就分析可能具有隐患的地方并在过程中予以实时监控。以往的事先预防多在项目开工前和关键工序进行前，主要还是施工方进行分析。而RFID与BIM集成系统从设计阶段就开始通过BIM平台协同设计方和施工方结合施工现场特点进行安全分析并参与业主和其他各方，使安全分析更全面、

具体、有效。同时，通过BIM的安全碰撞检验和冲突检验以及虚拟建设，对施工建造过程进行了模拟，从而避免一些现场可能会发生的安全问题。施工过程中，对照安全分析结果，对系统标记的具有隐患的部位、工序和区域进行防范并通过RFID实时跟踪采集和自动录入更新。RFID标签数据通过读写器自动读入系统并带动BIM 3D/4D模型实时更新，一旦现场出现不安全状态（如数据超出预警值、人的不安全行为、材料堆放错误等），安全管理小组通过系统就可以对预警的位置、相关信息、具体情况一览无余。

3. 多方参与，沟通及时，协同处理

传统的施工现场安全监控主要是施工方进行，安全事务的处理受管理者的经验影响较多，具有较大的片面性和局限性，不利于安全事务的处理。RFID与BIM集成系统借助于BIM平台的信息共享与及时交流，从设计阶段开始就整合业主、设计、施工等参与项目的多方进行协同安全分析、监控和处理，整合各方的管理资源，及时解决项目中出现的安全问题。各参与方都能通过BIM实时"查看"系统，安全状态数据信息自动更新。

4. 信息动态更新形成BIM安全信息数据库

RFID标签信息作为BIM数据库的分布数据，定义时便存储了ID、工作区域等固有信息并添加到BIM系统中，随着读写器的不断扫描读写，固有信息和过程信息不断更新从而使BIM信息不断更新扩充并最终形成BIM安全信息数据库。项目竣工后BIM安全信息数据库作为项目级的数据库可以为该项目后期的运营维护提供资料，为企业的其他项目提供参考数据并形成循环反馈最终成为更为庞大丰富的企业级、行业级、国家级BIM安全信息数据库，有利于提升建筑企业、行业乃至国家的安全管理整体水平。

5. 成本效益合理，经济可行

安全投入在降低损失的同时，可产生巨大的经济效益。系统建立的成本主要包括三个部分：硬件（标签、读写器、天线等费用）、软件（中间件化及相关软件）和服务成本（安装、调试、支持维护等费用）。其收益包括节省的开支和获得的生产力。成本效益的高低有利于确定系统在经济上是否可行。投资回报率（Return on Investment，ROI）是成本效益分析的常用指标，粗略估算一个项目使用无源RFID跟踪建筑资源的最低投资回报率为2.2，且大部分建筑企业已经建立与运行BIM系统，只需软件兼容的辅助费用，无须耗费额外开支，因此RFID与BIM集成的施工现场安全监控系统成本效益合理，经济上可行。

7.3 案例分析

7.3.1 工程概况

　　该建设项目为某公司产研基地，地点在北京市，四面环路，计划工期为16个月，建筑内容包括办公大楼、会议中心、展示中心及仓库。项目3D模型建模如图7.3.1所示，主体施工阶段施工区段划分如图7.3.2所示。主体施工阶段施工区段划分为第 I 施工区和第 II 施工区，局部具体划分为A～H八个区域。

图7.3.1　某公司产研基地项目3D模型

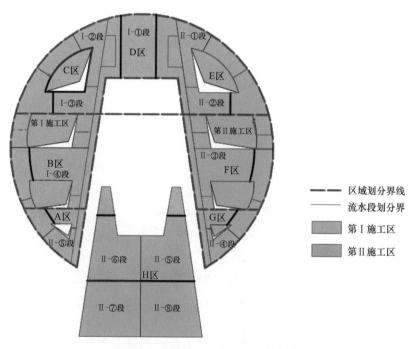

图7.3.2　主体施工阶段施工区段划分

该项目的工程概况如下。

（1）功能简述：科研生产用房和多层厂房。

（2）建筑结构安全等级：二级。

（3）安全等级：二级。

（4）工程设计使用年限：50年。

（5）建筑占地面积：75600.40m^2。

（6）总建筑面积为146501m^2，地下建筑面积为33134m^2，地上建筑面积为113367m^2。

（7）建筑层数：B、D、F区为5/1；C、E区为7/1；A、G区为4/1；H区为3/1。

（8）建筑高度：B、F区为20.546m；D区为28.760m；C、E区为26.573m；A、G区为15.536m；H区为20.200m。

（9）基础结构：桩+承台+底板（防水板）。

（10）结构形式：A、B、C区与E、F、G区镜像对称，结构采用钢筋混凝土框架剪力墙结构。H区生产厂房采用钢筋混凝土框架结构。H区精品仓库为混凝土支撑的多层大跨度钢结构。

7.3.2　工程信息导入

将".ifc"格式的建筑文件导入安全管理系统软件，界面如图7.3.3所示。安全管理系统软件具有导入具体项目的基于IFC标准的3D建筑模型的快捷方式，实现了对建筑模型的有效利用，用户可以通过用户选择手动查找文件类型、名称，可以将"某公司产研基地"的".ifc"格式文件导入安全管理系统。工程信息不仅包括建设项目的模型信息还包括项目安全控制信息，主要包括交底记录、设施验收记录、安全检查记录、整改后的复查记录等，准确反馈项目实施过程中的涉及安全的所有相关信息，并明确项目安全管理的相关负责人员的责任，相关工程信息均可以在项目实施前和实施过程中在安全管理系统中进行添加、补充、修改和记录。

图7.3.3　导入".ifc"格式的建筑文件

7.3.3 风险设置

1. 风险源设置

安全管理人员依据基于规则的安全算法和建设项目的实际施工进度，对施工现场需要设置安全防护装置的区域进行日常安全检查，对没有进行安全防护的危险区域在建筑模型中进行标注。随着安全管理系统的不断完善，安全管理人员可以将安全检查记录表输入安全系统，自动完成对安全管理系统的检查和更新。

视图界面选择树依据"建筑—楼层—区域—风险源类型—具体风险源"的层次结构，对建筑物安全风险源进行详细分解，可以实现对整个实体建筑物的风险源筛选，每层按风险源种类生成子树，可以筛选出针对性的视图形式，方便检查安全管理措施，为安全实时监控提供依据。

如图7.3.4所示，视图区对筛选后的4FD01洞口实现了三维显示，并在三维模型中显示相应的安全防护措施。安全管理人员依据现场的实际安全检查情况，设置或修改是否已经设置安全防护措施，选择"是"则表示该洞口已经设置了安全防护措施，消除了人员坠落风险，"否"则表示该处有人员坠落的风险，属于风险源。据此，可以对建筑施工现场的每个危险源进行有效的3D可视化监控和管理，降低安全事故发生的可能性。

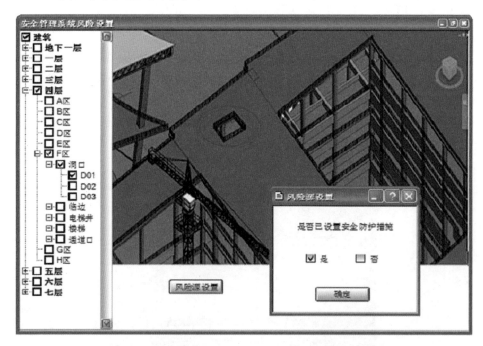

图7.3.4 系统功能界面——安全管理系统风险源设置

2. 预警指标设置

根据实际施工现场的需要，建立合理的安全风险预警标准，将安全风险等级划分为四个级别，分别为安全等级差、安全等级一般、安全等级好、安全防护设备缺失。本系统平台中对不同用户、不同位置、不同环境下的风险预警等级设定相应的风险预警范围和预警颜色，设置过程如图7.3.5所示。

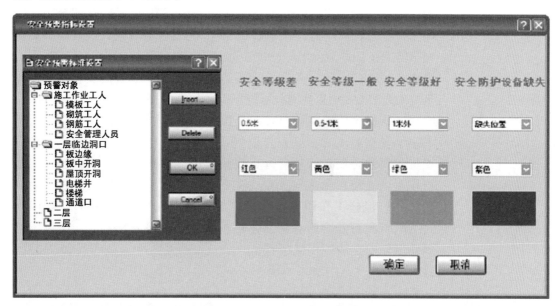

图7.3.5　系统功能界面——安全管理系统预警指标设置

系统中，当建筑工人距离未设置安全防护装置的危险洞口等危险区域0.5m以内，则在建筑模型中的安全状态为差，预警颜色为红色，并发出警报，对处于危险状态下的建筑工人进行及时提醒。当建筑工人距离危险区域为0.5～1m，则安全状态为一般，预警颜色为黄色。当建筑工人距离危险区域在1m以外，则在建筑模型系统中的安全状态为良好。当实际施工现场有临边洞口未设置相应的安全防护措施，则在建筑模型中的安全状态为安全防护设备缺失，则在模型中安全防护设备的缺失位置显示为紫色。安全距离预警值的设置依据安全规范和施工经验以及具体的施工作业环境，针对不同对象、不同环境的安全预警值，可以进行差异化设置。例如，不同大小、不同位置的洞口有不同的安全风险等级，应设置不同的安全距离。

7.3.4　安全监控

RFID技术收集数据信息包括实时位置信息、对象属性信息以及环境信息，可以有效跟踪施工现场的工人、材料、机械设备等，并在安全监控系统中反映出三维位置信息。安全监控系统主要包括安全环境监控和人员监控两大功能板块。

安全环境监控通过安全管理人员对系统中的危险源进行更新和管理，监控系统能够实现实时监控复杂动态环境，在系统中可以直观显示未进行安装安全防护措施的临边洞口，及时、规范地做好"四口五临边"（四口，即楼梯口、电梯口、预留洞口、通道口；五临边，即沟、坑、槽和深基础周边，楼层周边，楼梯侧边，平台或阳台边，屋面周边）的防护措施，做好施工过程中的监控和管理，及时对未安装安全防护措施的危险源进行安全防护措施的安装，对拆除的临时安全设施及时进行恢复，确保建设项目施工现场处于良好的安全状态，建筑工人的生命安全得到有效保障。

人员监控是指当被监控对象进入潜在危险环境，与危险源的距离小于安全距离时，则安全监控系统会自动预警，向操作工人发出提醒和警告并通知安全管理人员采取风险规避措施，减少和防止由于作业工人懈怠和疏忽大意、无安全防范意识下导致的事故发生。同时，监控施工作业人员是否佩戴齐全设施，通过RFID验证相关人员是否配备安全防护用品，是否佩戴安全帽、安全带，穿戴防滑鞋并保证安全防护用品的性能。安全监控系统中人员监控如图7.3.6所示。

图7.3.6　人员监控系统功能界面

模块小结

　　安全管理是工程项目施工实施过程中一项重要内容，施工现场是一个由人、机械设备及各种材料组成的复杂系统，构成了一个无序的、复杂的动态环境，复杂的建筑施工过程每天都会产生大量的施工信息，极易发生安全事故，需要对施工现场人、材、机等各种资源进行有效跟踪，监控各种危险源来避免安全事故的发生。基于RFID与BIM集成的施工现场安全监控系统集成RFID与BIM的先进技术优势，数据自动采集、信息自动更新，监控多方参与，监控贯穿全程，实现施工安全的自动化、信息化、可视化、无纸化的高效监控。

习 题

1. 安全检查的评分分为（　　　）。
    A. 好、中、差
    B. 合格、不合格
    C. 优良、合格、不合格
    D. 优良、中、合格

2. 建设项目安全管理原理的基本原理有（　　　）。
    A. 系统原理
    B. 动态控制原理
    C. PDCA循环原理
    D. 安全目标管理

3. （　　　）通过RFID读写器采集现场RFID标签的信息，进行实时定位跟踪。
    A. 信息处理层　　　　　　　　　B. 信息管理层
    C. 安全管理应用层　　　　　　　D. 安全管理处理层

4. 属于事后控制的是（　　　）。
    A. 编制施工组织设计
    B. 制订施工安全管理计划
    C. 施工过程进行安全控制
    D. 对安全活动结果的评价及偏差纠正

5. 危险源风险管理主要包括（　　　）、评价、控制措施计划、实施控制措施计划、检查五个步骤。
    A. 危险源识别　　　　　　　　　B. 安全风险评价
    C. 评审安全风险措施计划　　　　D. 风险识别

6. 危险源安全风险评价方法主要有（　　）。

  A. 定量风险评价法　　　　　　B. 概率统计方法

  C. 定性风险评价法　　　　　　D. 安全检查表法

7. 基于BIM和RFID的建设项目安全系统包括（　　）。

  A. 安全培训系统

  B. 安全监控系统

  C. 安全预警系统

  D. 安全事故发生后的应急系统

习题答案

1. C   2. ABCD 3. B   4. D   5. A   6. AC

7. ABCD

模块 日 BIM成本管理

知识目标

1. 了解工程建设项目造价管理和BIM造价管理基本概念，熟悉工程项目成本。
2. 掌握BIM工程量计算与工程计价。
3. 了解基于BIM的造价过程管理。

能力目标

1. 能够利用BIM技术进行工程量计算和工程计价。
2. 能利用BIM技术进行进度优化和成本优化。

知识导引

　　中华民族是人类对工程项目的造价认识最早的民族之一。在我国的封建社会，许多朝代的官府都大兴土木，这使得历代工匠积累了丰富的建筑管理方面的经验，再经过官员的归纳、整理，逐步形成了工程项目施工管理与造价管理的理论和方法的初始形态。据我国春秋战国时期的科学技术名著《考工记》"匠人为沟洫"一节的记载，早在两千多年前我们中华民族的先人就已经规定，其大意是：凡修筑沟渠堤防，一定要先以匠人一天修筑的进度为参照，再以一里工程所需的匠人数和天数来预算这个工程的劳力，然后方可调配人力，进行施工。这是人类最早的工程造价预算与工程施工控制和工程造价控制方法的文字记录之一。

8.1 工程建设项目造价管理

工程造价管理经过了多年的发展，已经从最初单纯地进行工程造价的确定，逐步发展成为工程造价的控制乃至全过程管理，工程造价管理理论和实践的研究范围逐步覆盖到工程建造全过程的各个阶段，研究内容涵盖了与不同业务之间的综合应用和数据集成应用。各国纷纷在发展工程造价确定与控制理论和方法的基础上，借助其他管理领域理论与方法上最新的发展，开始对工程造价管理进行更为深入和全面的研究。

8.1.1 工程造价费用构成

我国现行的工程造价总投资费用包括建设投资和流动投资两个部分组成。工程造价涵盖了整个建设项目的投资，其中施工建造阶段主要涉及建筑安装工程费用，它由人工费、材料费、施工机具使用费、企业管理费、利润和税金构成。

8.1.2 工程造价的基本原理

从组成工程造价的建筑实体来讲，工程造价的基本构成单元是分项工程。首先，建筑工程一般较为复杂，按照一个整体工程去定价和管理难度很大。这就需要按一定的规则，将建筑产品进行合理的分解，层层分解到构成完整建筑产品的基本构造要素——分项工程。工程造价也需要以最小的分项工程为单位进行计算，按照分项工程—分部工程—单位工程—单项工程—建设项目的顺序逐层汇总计算形成。另外，从建设项目的划分内容来看，将建筑工程按照结构部位和工程工种来划分，可以划分为若干个分部工程。由于建筑产品的设计参数、施工工序、材料型号等不同，影响分部工程消耗的因素众多，相同的部位和工种并不能形成统一的价格，因此，需要进一步细分，按照具体工艺、构造材料等的要求，划分为更简单的组成部分，即分项工程。

工程造价的计算方法如下：

工程总造价=$\sum$（工程实物量×消耗量×要素价格）

可以看出，组成工程造价的关键要素包括工程实物量、消耗量和要素价格。

（1）工程实物量的计算和确定是工程造价管理的核心任务，正确、快速计算工程量是确定工程预算的基础工作，因此，工程量计算的准确性，直接影响工程造价的准确性和投资控制能力。工程量计算一般依据施工图纸及配套的标准图集、计价规范和施工方案等进行，具有工作量大、计算烦琐和费事等特点。一般来讲，工程量计算占整个工程预算60%以上的工作量，工程量计算的精度和快慢程度直接影响预算的质量和速度。所以，如何采用科学先进的方法提高工程量计算速度和准确性，对工程造价管理具有重大的意义。

（2）消耗量一般由国家或各地方政府制定的建设工程定额确定。工程定额是指在工程建设中生产单位合格产品所消耗的人工、材料、机械等资源的规定额度。这种规定额度反映的是在一定的生产力发展水平条件下，完成工程建设中某项产品与各种生产消耗直接的、特定的数量关系，体现正常的施工条件下的人工、材料、机械等消耗的社会平均合理水平。因此，定额使人们能够针对不同的工程计算出符合统一价格要求的工程造价。

（3）要素价格是指人工、材料和机械的价格。在标准定额的基础上，考虑生产要素的价格因素并进行汇总计算，就可以得到各个工程实体的造价，进而计算出分部分项工程费、措施费、企业管理费、规费、利润和税金，最终得到整个建设工程的造价。

8.1.3 工程造价软件现状

工程造价软件已经在我国的建筑企业中普遍使用，并且应用深度也不断增加。软件供应商也非常多，主要包括广联达、鲁班、神机、品茗、清华斯维尔等。工程造价基础性软件主要包括两大类：计价软件、工程量计算软件。这些软件主要完成造价的编制和工程量计算等基础性工作。一般的应用模式是利用相关图形（建筑、钢筋和安装等）工程量计算软件进行工程量的计算，并导入工程计价软件，再根据计价模式（定额计价和清单计价）的不同，进行工程价格计算。围绕基础的造价软件，还有一些辅助性的造价软件，例如工程造价审核、工程对量、工程结算管理等。工程造价系列软件的发展大大提高了工程造价管理的工作效率，人们在享受计价软件提供便利的同时，随着科技的发展和业务要求的不断提高，对工程计价工的期望值也不断提升。目前，我国的计价软件也暴露出一些共性问题。

1. 难以实现造价全过程管理

现有的工程造价管理是一种事前预算和事后核算型造价管理方式。在招标阶段进行投标预算，在工程竣工之后通过竣工结算反映最终造价，把造价管理的重点放在造价发生之后的工程成本的审核上，而不是在造价发生的全过程中，因此无法对整个工程进行实时的监控，缺乏对整个造价的控制作用和意义。

为满足工程造价全过程管理，应该集成造价工具软件，建立一套科学的工程造价信息化管理服务平台。建筑工程生产活动本身是一项多业务、多环节、多因素、多角色、内外部联系密切的复杂活动。传统的工程造价管理是以纸为载体，这种方式层次多、效率低、费用高，极易因信息缺失和交流沟通失误造成管理失效。因此，应该建立一套科学的工程造价信息化管理服务平台，最大限度地缩小计划与实际发生之间的差距，充分利用可控资源（人、材、机），整合完善项目管理的数据链和数据流，在工程项目全生命周期中通过动态跟踪对造价全过程进行实时动态监控和管理，真正意义上做到工程造价全过程管理与控制的信息化集成应用。

2. 难以实现造价基础数据的共享与协同

工程造价管理要想实现过程动态管控，最重要的就是保证与之相关的工程造价基础数据的自动化、智能化与信息化，其核心就是能够及时、准确地调用基础数据。目前，造价管理中难以实现数据的共享与协同，这主要表现在两个方面。

第一，造价工程师无法与其他岗位进行协同办公。例如，当进行项目的多算对比和成本分析时，需要项目多岗位和多业务的运行数据，由于没有日常的数据共享平台，临时匆忙地收集数据往往造成协调困难，效率非常低，而且拿到的数据也很难保证及时性和准确性。这些量化的工程数据不仅是工程项目各项决策的信息基础，也可以精确控制施工实际成本，实现过程的监督，并作为核查比对的依据。总之，工程基础数据是支撑工程造价过程管控的关键，只有实现真正意义上的建设工程管理集成化和信息化，才能实现数据的共享，进而实现全过程的造价控制。

第二，工程建设过程中涉及众多的工程软件的应用，软件之间目前没有形成标准化的接口，造价软件与其他软件之间无法实现数据交换和共享。从工程造价管理的角度来说，如果借助辅助设计软件、结构设计软件以及工程管理软件能够与之建立无缝接口的话，就能实现各业务数据之间的低成本转移，这些软件就能解决工程造价工作中最烦琐的数据信息、图形信息的输入和共享问题，使得工程造价管理软件的最大难点迎刃而解，其价值也可

以得到最大限度地发挥。

3. 缺乏统一的造价数据积累

目前，工程建设过程中所形成的造价数据无法形成统一、标准的历史数据库，而从国外成功经验来看，对建设成本和未来成本的分析计算，基本上是建立在已完工程的造价信息数据库基础上，这样的分析具有动态性、科学性和准确性。在我国，由于工程建设模式不同，已完工程的历史数据由设计单位、施工单位和建设单位分别创建和保管，即使是施工单位自身，也很少能够建立统一的施工阶段的造价信息库，同一类的造价数据在不同业务部门之间可能口径都不一致，造价数据缺乏统一性、完整性和一致性。更重要的是没有利用数据库技术进行统一的管理，无法利用先进的数据挖掘等技术对历史造价数据进行整理、抽取和分析，进行数据复用和辅助决策。例如，对造价指标的抽取，包括估算指标库、概算指标库、预算定额库等，这些指标数据对于新项目的估价、成本分析等具有重要意义。

4. 造价数据分析功能弱

目前，无论主流造价软件还是表格法的套价软件，只能分析一条清单总量的数据，数据密度远不能达到项目管理精细化需求，只能满足投标预算和结算，无法实现按楼层、按施工区域或按构件密度分析计算，更不能实现基于时间维度的分析。同时，企业级管理能力不强，大型工程由众多单体工程组成，大型企业的成本控制更动态涉及数百项工程，快速准确的统计分析需要强大的企业级造价分析系统，并需要各管理部门协同应用，但目前的造价分析技术还局限在单机软件分析单体工程上。

知识拓展

自20世纪90年代初提出工程项目全面造价管理的概念至今，相关领域人才对于全面造价管理的研究仍然处在有关概念和原理的研究上。在1998年6月于美国新新那提举行的国际全面造价管理促进协会学术年会上，国际全面造价管理促进协会仍然把这次会议的主题定为"全面造价管理——21世纪的工程造价管理技术"。这一主题一方面说明，全面造价管理的理论和技术方法是面向未来的；另一方面也说明全面造价管理的理论和方法至今尚未成熟，还需要不断地完善，但是它是21世纪的工程造价管理的主流方法。在这一年会的整个会议期间，与会各国工程造价管理界的专业人士所发表的学术论文，多数也仍然处于对全面造价管理基本概念的定义和全面造价管理范畴的界定层面。因此，可以说20世纪90年代是工程造价管理步入全面造价管理的阶段。

8.2 BIM工程预算

传统工程造价存在什么缺陷？如何用有效的手段和技术让工程造价管理趋于高效和客观？

对于施工企业来说，工程预算是必不可少的工作，提高其效率和准确性对提高项目经济效益、降低成本至关重要。预算工作形成的工作预算价格是工程造价管理的核心对象，也是工程建设项目管理的核心控制指标之一。因此，提供准确高效、合理的工程价格信息很重要。工程价格的产生主要包括了两个要素：工程量和价格，准确计算这两个要素的工作就是工程量计算和工程计价。

8.2.1 BIM工程量计算

工程量计算耗时最多，也是一个基础性工作。它不仅是工程预算编制的前提，也是工程造价管理的基础。只有准确的工程量统计，才能保证投标、合同、变更、结算等造价管理工作有序高效进行。现行的工程量统计工作存在着一些问题。

首先，预算人员工作强度普遍过大。工程量计算是工程造价管理工作中最烦琐、最复杂的部分。计算机辅助工程量计算软件的出现，确实在一定程度上减轻了概预算人员的工作强度。目前，市场主流的工程量计算软件的开发模式，大致分两类：一类是基于自主开发的二维图形平台；另一类是基于AutoCAD的三维图形平台进行二次开发。但不论哪种平台都存在三维渲染粗糙和图纸需要手工二次输入两个缺陷，概预算人员往往需要重新绘制工程图纸来进行工程量的计算。

其次，工程量计算精度普遍不高。由于在利用工程量辅助计算软件时，工程图纸数据输入及工程量输出时，手工操作所占比例仍然过大，同时对于较复杂的建筑构件描述困难，而且缺乏严谨的数学空间模型，计算复杂建筑物时容易出现误差，工程量精度无法达到恒定水准。

最后，工程量计算重复烦冗。建设项目各相关方需要对同一建设项目工程量进行流水线式的重复计算，上下游之间的模型完全不能复用，往往需要重新建模，各方之间还需要对相互间的工程量计算结果进行核对，浪费大量的人力物力。

　　BIM是一个包含丰富数据面向对象的具有智能化和参数化特点的建筑设施的数字化表示。BIM中的构件信息是可运算的信息，借助这些信息计算机可以自动识别模型中的不同构件，并根据模型内嵌的几何和物理信息对各种构件的数量进行统计。BIM的这种特性，使得基于BIM的工程量计算具有更高的准确性、快捷性和扩展性。

1. 基于三维模型的工程量计算

　　BIM技术应用强调信息互用，它是协调和合作的前提和基础，BIM技术信息互用是指在项目建设过程中各参与方之间、各应用系统之间对项目模型信息能够交换和共享。三维模型是基于BIM技术进行工程量计算的基础，从BIM技术应用和实施的基本要求来讲，工程量计算所需要的模型应该是直接使用设计阶段各专业模型。然而，在目前的实际工作中，专业设计对模型的要求和依据的规范等与造价对BIM模型的要求不同，同时，设计时也不会把造价管理需要的完整信息放到设计BIM模型中去，所以，设计阶段模型与实际工程造价管理所需模型存在差异。这主要包括：

　　（1）工程量计算工作所需要的数据在设计模型中没有体现，例如，设计模型没有内外脚手架搭设设计。

　　（2）某些设计简化表示的构件在算量模型中没有体现，例如，无做法索引表等。

　　（3）算量模型需要区分做法而设计模型不需要，例如，内外墙设计在设计模型中不区分。

　　（4）设计BIM模型软件与工程量计算软件计算方式有差异，例如，在设计BIM模型构件之间的交汇处，默认的几何扣减处理方式与工程量计算规则所要求的扣减规则是不一样的。

　　因此，造价人员有必要在设计模型的基础上建立算量模型。一般有两种实施方法：其一，按照设计图纸或模型在工程量计算软件中重新建模；其二，从工程量计算软件中直接导入设计模型数据。对于二维图纸而言，市场流行的BIM工程量计算软件已经能够实现从电子CAD文件直接导入的功能，并基于导入的二维CAD图建立三维模型。对于三维设计软件，随着IFC标准的逐步推广，三维设计软件可以导出基于IFC标准的模型，兼容IFC标准的BIM工程量计算软件可以直接导入，造价工程师基于模型增加工程量计算和工程计价需要的专门信息，最终形成算量模型。

　　从目前实际应用来讲，在基于BIM技术工程量计算的实际工作过程中，由于设计包括建筑、结构、机电等多个专业，会产生不同的设计模型或图纸，这导致图纸工程量计算工作也会产生不同专业的算量模型，包括建筑模型、钢筋模型、机电模型等。不同的模型在具体工程量计算时是可以分开进行的，最终可以基于统一IFC标准和BIM图形平台进行合成，形成完整的算量模型，以支持后续的造价管理工作。例如，钢筋算量模型可以用于钢筋下料时钢筋切断的加工。便于现场钢筋施工时钢筋的排放和绑扎。总之，算量模型是基于BIM技术的工程造价管理的基础。

2. 工程量自动计算

基于BIM技术的工程量计算包含两层含义。

建筑实体工程量计算的自动化，并且是准确的。BIM模型是参数化的，各类构件被赋予了尺寸、型号、材料等的约束参数；同时模型构件对于同一构件的构成信息和空间、位置信息都精确记录。模型中的每一个构件都与显示中实际物体一一对应，其中所包含的信息是可以直接用来计算的。因此，计算机可以在BIM模型中根据构件本身的属性进行快速识别分类，工程量统计的准确率和速度上都得到很大的提高。以墙体的计算为例，计算机算可以自动识别软件中墙体的属性，根据模型中有关该墙体的类型和组分信息统计出该墙体的数量，并对相同的构件进行自动归类。因此，当需要制作墙体明细表或计算墙体数量时，计算机会自动对它进行统计，如图8.2.1所示。

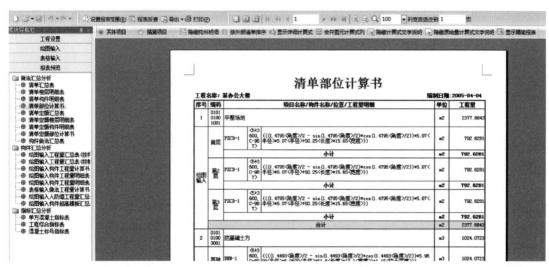

图8.2.1 软件自动计算工程量

内置计算规则保证了工程量计算的合规性和准确性。模型参数化除了包含构件自身属性之外，还包括支撑工程量计算的基础性规则，这主要包括构件计算规则、扣减规则、清单及定额规则。构件计算除包含通用的计算规则之外，还包含不同类型构件和地区性的计算规则。通过内置规则，系统自动计算构件的实体工程量。不同构件相交需要根据扣减规则自动计算工程量，在得到实体工作量的基础之上，模型丰富的参数信息可以生成项目特征，根据特征属性自动套取清单项和生成清单项目特征等。在清单统计模式下可同时按清单规则、定额规则平行扣减，并自动套取清单和定额做法。同时，建筑构件的三维呈现也便于工程预算时工程量的对量和核算。

3. 关联的扣减计算

工程量计算工作中，相关联构件工程量扣减计算一直是耗时烦琐的工作，首先，构件本身相交部分的尺寸数据计算相对困难，如果构件是异型的，计算就更加复杂。传统的计算基于二维电子图纸，图纸仅标识了构件自身尺寸，而没有相关联的构件在空间中的关系和交叠数据。人工处理关联部分的尺寸数据，识别和计算工作烦琐，很难做到完整和准确，容易因为纰漏或疏忽造成计算错误。其次，在我国当前的工程量计算体系中，工程量计算是有规则的，同时，各省或地区的计算规则也不尽相同。例如，混凝土过梁伸入墙内部分工程量不扣，但构造柱、独立柱、单梁、连续梁等伸入墙体的工程量要扣除。除建筑工程量之外，还包括相交部分的钢筋、装饰等具体怎么计算，这些都需要按照各地的计算规则来确定。

BIM模型中每一个构件除了记录自身尺寸、大小、形状等属性之外，在空间上还包括了与之相关联或相交的构件的位置信息，这些空间信息详细记录了构件之间的关联情况。这样，BIM工程量计算软件就可以得到各构件相交的完整数据。同时，BIM工程量计算软件通过集成各地计算规则库，规则库描述构件与构件之间的扣减关系计算法则，软件可以根据构件关联或相交部分的尺寸和空间关系数据智能化匹配计算规则，准确计算扣减工程量。

4. 异型构件的计算

在实际工程中，经常遇到复杂的异型建筑造型及节点钢筋，造价人员往往需要花费大量的时间来处理。同时，异型构件与其他构件的关联和相交部分的形状更加不可确定，这无疑给工程量计算增加了难度。传统的计算需要对构件进行切割分块，然后根据公式计算，这必然花费大量的时间。同时，切割也导致了异型构件工程量计算准确性降低，特别是一些较小的不规则构件交叉部分的工程量无法计算，只能通过相似体进行近似估算。

BIM工程量计算软件从两方面解决了异型构件的工程量计算。

首先，软件对于异型构件工程量计算更加准确。BIM模型详细记录了异型构件的几何尺寸和空间信息，通过内置的数学方法，例如布尔计算和微积分，能够将模型切割分块趋于最小化，计算结果非常精确。

其次，软件对于异型构件工程量计算更加全面完整。异性构件一般都会与其他构件产生关联和交叠，这些相交部分不仅多，而且形状更加异常。算量软件可以准确计算这部分的工程量，并根据自定义扣减规则进行总工程量计算，同时构件空间信息的完整性决定了软件不会遗漏掉任何细小的交叉部分的工程量，使得计算工程十分完整，进而保证了总工程量的准确性。如飘窗构件工程量计算设置，如图8.2.2所示。

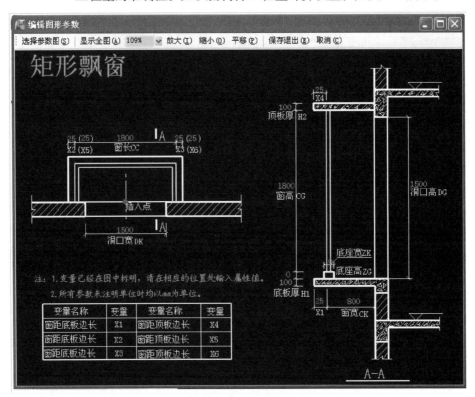

图8.2.2　飘窗构件工程量计算

8.2.2　工程计价

工程计价有哪几种方式？利用 BIM 技术软件计价相对传统的计价有哪些优点？

随着计算机技术的发展，建筑工程预算软件得到了迅速发展和广泛应用。尽管如此，目前工程造价人员仍需要花费大量时间来进行工程预算工作，这主要有几个方面的原因。第一，清单组价工作量很大。清单项目单价水平主要是清单的项目特征决定，实质上就是构件属性信息与清单项目特征的匹配问题。在组价时，预算人员需要花费大量精力进行定额匹配工作。第二，设计变更等修改造成造价工作反复较多。由于我国实际的工程往往存在"三边工程"，图纸不完整情况经常存在，修改频繁，由此产生新的工程量计算结果必须重新组价，并手工与之前的计价文件进行合并，无法做到直接合并，造成计价工作的重复和工作量增加。第三，预算信息与后续的进度计划、资源计划、结算支付、变更签证等业务割裂，无法形成联动效应，需要人工进行反复查询修改，效率不高。

基于BIM的工程量计算软件形成了算量模型，并基于模型进行准确算量，算量结果可以直接导入BIM计价软件进行组价，组价结果自动与模型进行关联，最终形成预算模型。预算模型可以进一步关联4D进度模型，最终形成BIM 5D模型，并基于BIM 5D进行造价全过程的管理。基于BIM的工程预算包括以下几方面特点。

1. 基于模型的工程量计算和计价一体化

目前，市场上的工程量计算软件和计价软件功能是分离的，算量软件只负责计算工程量，对设计图纸中提供的构件信息输入完后，不能上传至计价软件中来，在计价软件中还需重新输入清单项目特征，这样会大大降低工作效率，出错概率也提高了。基于BIM的工程量计算和计价软件实现计价算量一体化，通过BIM算量软件进行工程量计算。同时，通过算量模型丰富的参数信息，软件自动抽取项目特征，并与招标的清单项目特征进行匹配，形成模型与清单关联。在工程量计算完成之后，在组价过程中，BIM造价软件根据项目特征可以与预算定额进行匹配，或依据历史工程积累的相似清单项目综合单价进行匹配，实现快速组价功能，如图8.2.3所示。

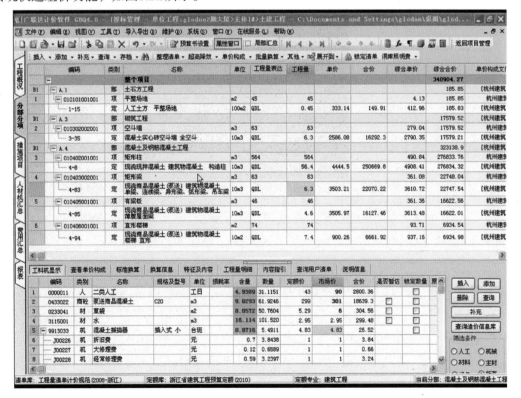

图8.2.3　清单组价图

2．造价调整更加快捷

在投标或施工过程中，经常会遇到因为错误或某些需求而发生图纸修改、设计变更，这样需要进行工程量的重新计算和修改，目前的工程量计算软件和计价软件割裂导致变更工程量结果无法导入原始计价文件，需要利用计价软件人工填入变更调整，而且系统不会记录发生的变化。基于BIM技术的计价和工程量计算软件的工作全部基于三维模型，当发生设计修改时，我们仅需要修改模型，系统将会自动形成新的模型版本，按照原算量规则计算变更工程量，同时根据模型关联的清单定额和组价规则修改造价数据。修改记录将会记录在相应模型上，支撑以后的造价管理工作。

3．深化设计降低额外费用

在建筑物某些局部会涉及众多的专业内容，特别是在一些管线复杂的地方，如果不进行综合管线的深化设计和施工模拟，极有可能造成返工，增加额外的施工成本。使用专业的BIM碰撞检查和施工模拟软件对所创建的建筑、结构、机电等BIM模型进行分析检查，可提前发现设计中存在的问题，并根据检查分析结果，直接利用BIM算量软件的建模功能对模型进行调整，并及时更正相应的造价数据，这有利于降低施工时修改带来的额外成本。图8.2.4为三维模型碰撞检查图。

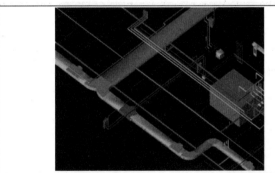

名称：碰撞 5

位置：6外/B外

专业：给排水\暖通

构件：给水管\衬塑钢管-DN100 &送风管\三通

参考图纸： R14 版-暖通最终图纸_t3(1).dwg（地下室通风平面图）/R14 版-XX 水施归档.dwg(地下室给排水平面图 1:100/地下室消防给水平面图 1:100)/给水系统图

图8.2.4　三维模型碰撞检查

4．BIM 5D辅助造价全过程管理

工程进度计划在实际应用之中可以与三维模型关联形成4D（三维模型+进度计划）模型，同时，将预算模型与BIM 4D模型集成，在进度模型的基础上增加造价信息，就形成BIM 5D模型。基于BIM 5D可以辅助造价全过程的管理。

（1）在预算分析优化过程中，可以进行不平衡报价分析。招标投标是一个博弈过程，如何制定合理科学的不平衡报价方案，提高结算价和结算利润是预算编制工作的重点。例如，BIM 5D可以实现工程实际进度模拟。在模拟过程中，可以非常形象地知道相应清单完成的先后顺序，这样可以利用资金收入的时间先后提高较早完成的清单项目的单价。

（2）在施工方案设计前期，BIM 5D技术有助于对施工方案设计进行详细分析和优化，能协助制定出合理而经济的施工组织流程，这对成本分析、资源优化、工作协调等工作非常有益。

（3）在施工阶段，BIM 5D还可以动态地显示出整个工程的施工进度，指导材料计划、资金计划等精确及时下达，并进行已完成工程量和消耗材料量的分析对比，及时地发现施工漏洞，从而尽最大可能采取措施，控制成本，提高项目的经济效益。

知识拓展

全生命周期工程造价管理

含义：从决策、设计、施工、使用、维护和翻新拆除出发考虑造价和成本问题，运用工程经济学、数学模型等方法强调工程项目建设前期、建设期、建设维护期等阶段之和最小化的一种管理方法。

起源：全生命周期工程造价管理的思想最早起源于重复性制造业，工程项目全生命周期造价管理主要由英美的一些造价工程界的学者和实际工作者于20世纪70年代末和80年代初提出的。进入80年代，有人从建筑设计方案比较的角度出发探讨了建筑费用和运营维护费用的概念和思想；也有人从建筑经济学的角度出发，深入地探讨了全生命周期造价管理的应用范围。

特点：它覆盖了工程项目的全生命周期，考虑的时间范围更长，也更合理，使全社会成本最低。从项目全生命周期造价管理的角度，保证现有施工阶段的造价控制技术，加强项目前期策划的力度与深度，设计阶段周全考虑项目未来运营的需要，提高设计的前瞻性与先进性。

8.3 进度与造价协同优化

8.3.1 进度与造价的关系

想一想

工程造价与工程质量、工程进度有什么关系呢？

工程项目开发的时间一般较长，从立项、可研、设计、施工、竣工、投产、运维，它是一个完整的周期。其中，施工阶段是关键节点，是项目的实施阶段，施工进度不仅对造价产生影响，而且对整个项目的成败和损益均有影响。进度与造价的关系既不是正相关，也不是负相关。因为有时加快进度会增加成本，有时加快进度会降低成本，即既存在进度与造价之间呈正比的线性或非线性关系，又存在进度与造价呈反比的线性或非线性关系。只有当达到一个合理的理想的进度节奏，一个临界点，造价与进度之间才取得平衡，达到局部最优。作为工程实施的关键要素，进度与造价相互制约，相互依存，相互作用，相互关联。它们之间存在对立又统一的关系。

其实，工期与另外一个要素即工程质量密切相关，它同样是不容忽视的因素。质量低劣或质量不合格也会加大工程风险，甚至直接导致项目的彻底失败，其损失不可估量。项目管理的目标是在保证质量的前提下，寻求进度与造价之间的最优解决方案。最好是质量优、工期短、造价低。质量、工期和造价之间有多种组合，如质量优、工期短、造价高；质量优、工期长、造价高；质量优、工期长、造价低等。有时虽然增加了一次性投入，或者虽然工期延长了，造价增加了，但从工程全生命周期维度衡量，可能减少后续的工程运维成本。这就是局部最优与整体最优的关系。

非正常状态下，如果加快进度，那么，施工单位就需要投入更多的资源，如人力、周转材料、机械设备，造成短期成本增加。有些却是一次投入多次使用，成本递减。另外，进度加快，打乱原来的施工计划，使各个环节的协调难度加大，而进度协调的难度在于参与和涉及的专业分包单位多，并且他们之间交叉作业。然而，由于进度缩短了，工期变短了，其机械台班和周转材料等费用降低了。这就是进度加快具有两面性特点，这些需要均衡处理，建立资源约束条件下进度与造价的综合均衡优化与控制模型。那么，人们应该准确测算由于进度加快，其增加成本是多少、减少成本是多少的数据，是增加大于减少，还是增加小于减少，还是增加与减少相等抵冲。资源计划、费用估算和成本控制是项目管理的永恒主题，需要系统论的理论和方法进行计划和组织。科学管理就是基于精准计算模型和算法进行求解，量化操作，优化关键线路和关键节点，以提供决策依据。

BIM 是手段，是生产力；管控模式是方法，是生产关系；精益建造是想要达到的目的。只有好的手段和可行的方法相结合才能达到预期的目标。应用项目管理平台有效保障建设各方的协同工作，实施以进度为主线，以模型为载体，以成本为核心，以数据为基础，以网络为支撑，使建设项目投资、进度、质量得到有效控制，确保工程项目目标的顺利实现。

8.3.2　施工进度方案优化

　　传统手工进度方案优化效率比较低下，而用现代化手段利用 BIM 5D 软件进行方案与进度优化有哪些优势？

　　在施工准备阶段，施工单位需要编制详细的施工组织设计，而施工进度计划是其中重要的工作之一。施工进度是按照项目合同要求合理安排施工的先后顺序，根据施工工序情况划分施工段，安排流水作业。合理的进度计划必须遵循均衡原则，避免工作过分集中，有目的地削减高峰期工作量，减少临时设施搭设次数，避免劳动力、材料、机械消耗量大进大出，保证施工过程按计划、有节奏地进行。

　　首先，利用BIM 5D模型可以方便快捷地进行施工进度模拟和资源优化，施工进度计划绑定预算模型之后，基于BIM模型的参数化特性，以及施工进度计划与预算信息的关联关系，可以根据施工进度快速计算出不同阶段的人工、材料、机械设备和资金等的资源需求计划。在此基础上，工程管理人员进行施工流水段划分和调整，并组织专业队伍连续或交叉作业，流水施工使工序衔接合理紧密，避免窝工，这样既能提高工程质量，保证施工安全，又可以降低成本。

　　其次，系统基于三维图形功能模拟进度的实施，自动检查单位工程限定工期，施工期间劳动力、材料供应均衡，机械负荷情况，施工顺序是否合理，主导工序是否连续和是否有误等情况，避免资源的大进大出。同时，在保证进度的情况下，实现工期优化和劳动力、材料需要量趋于均衡，以及提高施工机械利用率。

　　优化平衡工作主要包括以下几个方面。

1．工期优化

　　工期优化也称时间优化，BIM 5D系统根据进度计划会自动计算工期和关键路径。当计划的计算工期大于要求工期时，通过压缩关键线路上工作所持续的时间或调整工作关系，以满足工期要求的过程。工期优化应该考虑下列因素：一是根据工作的工作量信息、所属工作面、相关资源需求情况自动进行优化计算，压缩任务项最短的持续时间；二是先压缩持续时间较长的工作，一般认为，持续时间较长的工作更容易压缩；三是优化选择缩短工期工作时间所需增加费用较少的工作。

2. 资源有限, 工期最短优化

BIM 5D模型可以使人们清晰了解每一个、施工段、时间段的人工、材料、机械、设备和资金等资源情况。在项目资源供应有限的情况下, 系统可以设置每日供给各个工序固定的资源, 合理安排资源分配, 寻找最短计划工期的过程。

3. 工期固定, 资源均衡优化

制订项目计划时, 不同资源的使用尽可能保持平衡是十分重要的, 每日资源使用量不应出现过多的高峰和低谷, 从而有利于生产施工的组织与管理, 有利于施工费用的节约。大多数项目的资源消耗曲线呈阶梯状, 理想的资源消耗曲线应该是个矩形。虽然编制这种理想的计划是非常困难的, 但是, 利用BIM 5D模拟功能和时差微调进度计划, 资源随之进行自动调整, 系统能够实时显示资源平衡曲线, 同时可以设置优化目标, 如资源消耗的方差R最小, 达到目标自动停止优化。

4. 工期成本优化

工程项目的成本与工期是对立统一的矛盾体。生产效率一定的条件下, 要缩短工期, 就得提高施工速度, 就必须投入更多的人力、物力和财力, 使工程某方面的费用增加, 同时管理费等又减少。此时, 要考虑两方面的因素, 寻求最佳组合。一是在保证成本最低情况下的模拟最优工期, 包括进度计划中各工作的进度安排; 二是在保证一定工期要求情况下, 模拟出对应的最低成本, 以及网络计划中各工作的进度安排。要完成上述优化, BIM 5D丰富的信息参数提供了支持, 如BIM 5D包含每个工序的时间信息、工序资源的日最大供应量等。

在施工方案确定过程中, 可以利用BIM 5D模拟功能, 对各种施工方案从经济上进行对比评价, 可以做到及时修改和计算。BIM算量模型绑定了工程量和造价信息, 当人们需要对比验证几个不同方案的费用时, 可以按照每种方案对模型进行修改, 系统将根据修改情况自动统计变更工程量, 同时按照智能化构件项目特征匹配定额进行快速组价, 得到造价信息。这样, 可以快速得到每个方案的费用, 可采用价值最低的方案为备选方案。例如, 框架结构的框架柱内的竖向钢筋连接, 从技术上来讲, 可以采用电渣压力焊、帮条焊和搭接焊三种方案, 根据方案的不同, 修改模型和做法, 自动得到用量和造价信息, 一目了然。

BIM造价过程管理

8.4.1　工程变更

> 工程变更主要包含哪些内容？哪些因素影响了工程变更？

建筑业一直被认为是能耗高、利润低、管理粗放的行业，特别是施工阶段，建筑工程浪费一直居高不下，造成工程项目造价增加，利润减少。对于施工企业来讲，应该不断提高项目精益化管理水平，改变项目交付过程，为业主提供满意的产品与服务的同时，以最少的人力、设备、材料、资金和空间等资源投入，创造更多的价值。因此，施工阶段要严格按照设计图纸、施工组织设计、施工方案、成本计划等的要求，将造价管理工作重点集中到如何有效地控制浪费，减少成本方面。

利用BIM技术可以有效地提高施工阶段的造价控制能力和管理化水平。基于BIM模型进行施工模拟，不断优化方案，提高计划的合理性、提高资源利用率，尽可能地减少返工的可能性，减少潜在的经济损失。利用BIM模型可以实时把握工程成本信息，实现成本的动态管理。

1. 变更存在的问题

工程变更管理贯穿工程实施的全过程，工程变更是编制竣工图、编制施工结算的重要依据。对施工企业来讲，变更也是项目开源的重要手段，对于项目二次经营具有重要意义。工程变更在伴随着工程造价调整过程中，成为甲乙双方利益博弈的焦点。在传统方式中，工程变更产生的变更图纸需要进行工程量重新计算，并经过三方认可，才能作为最终工程造价结算的依据。目前，一个项目所涉及的工程变更数量众多，在实际管理工作中存在很多问题。

（1）工程变更预算编制压力大，如果编制不及时，将会贻误最佳索赔时间。

（2）针对单个变更单的工程变更工程量产生漏项或少算，造成收入降低。

（3）当前的变更多采用纸质形式，特别是变更图纸。一般是变更部位的二维图，无变化前后对比，不形象也不直观，结算时虽然有签字，但是容易导致双方扯皮，索赔难度增加。

（4）工程历时长，变更资料众多，管理不善的话容易造成遗忘，追溯和查询麻烦。

2. 基于BIM的变更管理内容

利用BIM技术可以对工程变更进行有效管理，主要包括几个方面内容。

（1）利用BIM模型可以准确及时地进行变更工程量的统计。当发生设计变更时，施工单位按照变更图纸直接对算量模型进行修改，BIM 5D系统将会自动统计变更后的工程量。同时，软件计算也可弥补手算时不容易算清的关于构件之间影响工程量的问题，提高变更工程量的准确性和合理性，并生成变更量表。由于BIM模型集成了造价信息，用户可以设置变更造价的计算方式，软件系统将自动计算变更工程量和变更造价，并形成输出记录表。

（2）BIM 5D集成了模型、造价、进度信息，有利于对变更产生的其他业务变更进行管理。首先，模型的可视化功能，可以三维显示变更信息并给出变更前后图形的变化，对于变更的管理一目了然，同时，也有利于日后的结算工作。其次，使用模型来取代图纸进行变更工程量计算和计价，模型所需材料的名称、数量和尺寸都自动在系统中生成，而且这些信息与设计保持一致，如果发生变更，造价工程师使用的材料的名称、数量和尺寸也会随之变化。模型还可以及时显示变更可能导致的项目造价变化情况，便于工作人员掌握实际造价是否超预算造价。

8.4.2　材料控制

在工程造价管理过程中，工程材料的控制是至关重要的，材料费在工程造价中往往占据很大的比重，一般占整个预算费用70%左右。同时，材料供应的及时性和完备性，是施工进度能够顺利进行的重要保证。因此，在施工阶段不仅要严格按照预算控制材料用量，选择合理的材料采购价格，还要能够及时准确地提交材料需用计划，及时完成材料采购，保证实体工程的施工。只有这样，才能有效地控制工程造价和保证施工进度。

BIM 5D将三维实体模型中的基本构件与工程量信息、造价信息关联，同时按照施工流水段将构件进行组合或切割，进而与具体的实体工程进度计划进行关联。所以，根据实体工程进度，BIM系统按照年度、月度、周自动抽取与之关联的资源信息，形成周期的材料需用计划和设备需用计划。通过BIM 5D系统，材料管理人员随时可以查看任意流水段的材料需用情况，及时准确地编制材料需用计划指导采购。只有这样才能切实保证实体工程的进度。

在实际材料现场管理过程中的BIM技术应用主要包括两个方面。

一方面是提高钢筋精细化管理水平。由于钢筋用量占材料成本的比重较大，精确下料有助于提高钢筋的使用率和降低浪费。基于BIM的钢筋算量模型提供了丰富的结构方面的参数化特征并结合钢筋相关的规则设置，可以实现钢筋断料优化、组合，合理利用原材料和余料降低成本，同时为钢筋加工和钢筋排布自动生成图纸。通过系统随时统计各部位和流水段的钢筋用量，使得钢筋进度用量精准，既可保证施工进度，又能降低钢材的采购成本。

另一方面，通过限额领料可以控制材料浪费。材料库管人员根据领料单涉及的模型范围，通过BIM 5D平台系统直接可以查看相应的钢筋料单和材料需用计划。通过计划量控制领用量，将领用量计入模型，形成实际材料消耗量。项目管理者可针对计划进度和实际进度查询任意进度计划并指定时间段内的工程量以及相应的材料预算用量和实际用量，并可进行相关材料预算用量、计划量和实际消耗量三项数据的对比分析和超预算预警。

8.4.3　计量支付

在传统管理模式下，施工总承包企业根据施工实际进度完成情况分阶段进行工程款的回收，同时，也需要按照工程款回收情况和分包工程完成情况，进行分包工程款的支付。这两项工作都要依据准确的工程量统计数据。一方面，施工总包方需要每月向发包方提交已完工程量的报告，同时花费大量时间和精力按照合同以及招标文件要求与发包方核对工程量所提交的报告；另一方面还需要核实分包申报的工程量是否合规。计量工作频繁往往使得效率和准确性难以得到保障。

BIM技术在工程计量计算工作中得到应用后，则完全改变了上述工作状况。首先，由于BIM实体构件模型与时间维度相关联，利用BIM模型的参数化特点，按照所需条件筛选工程信息，计算机即可自动完成已完工构件的工程量统计，并汇总形成已完工程量表。造价工程师在BIM平台上根据已完工程量，补充其他价差调整等信息，可快速准确地统计这一时段的造价信息，并通过项目管理平台及时办理工程进度款支付申请。

其次，从另一个角度看，分包单位按月度也需要进行分包工程计量支付工作。总包单位可以基于BIM 5D平台进行分包工程量核实。BIM 5D在实体模型上集成了任务信息和施工流水段信息，各分包与施工流水段是对应的，这样系统就能清晰识别各分包的工程，进一步识别已完成工程量，降低了审核工作的难度。如果能将分包单位纳入统一BIM 5D系统，这样，分包也可以直接基于系统平台进行分包报量，提高工作效率。

最后，这些计量支付单据和相应的数据都会自动记录在 BIM 5D 系统中，并关联在一定的模型下，方便以后查询、结算、统计汇总工作。

8.4.4　工程结算

虽然结算工作是造价管理最后一个环节，但是结算所涉及的业务内容覆盖了整个建造过程，包括从合同签订一直到竣工的关于设计、预算、施工生产和造价管理等信息。结算工作存在以下几个难点。

（1）依据多。结算涉及合同报价文件，施工过程中形成的签证、变更、暂估材料认价等各种相关业务依据和资料，以及工程会议纪要等相关文件。特别是变更签证，一般项目变更率在20%以上，施工过程中与业主、分包、监理、供应商等产生的结算单据数量也超过百张，甚至上千张。

（2）计算多。施工过程中的结算工作涉及月度、季度造价汇总计算；报送、审核、复审造价计算；项目部、公司、甲方等不同纬度的造价统计计算。

（3）汇总累。结算时除了需要编制各种汇总表，还需要编制设计变更、工程洽商、工程签证等分类汇总表，以及分类材料（钢筋、商品混凝土）分期价差调整明细表。

（4）管理难。结算工作涉及成百上千的计价文件、变更单、会议纪要等。变更、签证等业务参与方多和步骤多也造成管好结算工作难。

BIM 5D 协同管理的引入，有助于改变工程结算工作的被动状况，BIM模型的参数化设计特点，使得各个建筑构件不仅具有几何属性，而且被赋予了物理属性，如空间关系、地理信息、工程量数据、成本信息、材料详细清单信息以及项目进度信息等。随着施工阶段推进，BIM模型数据库等信息也不断修改完善，模型相关的合同、设计变更、现场签证、计量支付、材料供应等信息也不断录入与更新，到竣工结算时，其信息量已完全可以表达竣工工程实体。除了可以形成竣工模型之外，BIM模型的准确性和过程记录完备性还有助于提高结算的效率，同时，BIM可视化的功能可以方便随时查看三维变更模型，并直接调用变更前后的模型进行对比分析，避免在进行结算时因描述不清楚而导致索赔难度增加，减少双方的扯皮，加快结算速度。

8.4.5　工程造价动态分析

成本管理和控制一直以来都是施工单位工程造价管理中的重中

之重，传统的项目成本管理往往是在统一的成本管理科目和核算对象的基础上进行收入、预算和实际成本的对比分析，实现周期性成本核算的目的，但是无法真正完成成本动态的分析与控制，这是因为：

第一，这种传统的方式无法达到项目成本事先控制，成本管理工作基本处于事后核算分析、事先成本预控少，特别是事中的动态和及时分析很难。

第二，成本分析工作量大。项目经营人员每月、每季都需要进行大量的统计工作，统计时由于核算数据复杂，特别是这些数据来源为不同的业务部门，统计口径又不一样，因而需要重新进行成本分摊工作。工作的烦琐、复杂往往造成核算不及时或不准确。

第三，成本分析颗粒度不够。首先是无法做到主要资源精细化控制，无法得到不同阶段、不同部位的材料量价对比分析，以便找出材料超预算原因；其次就是分析、统计和对比工作做不到工序或者构件层次。例如，某个核算期间，总的成本没有超支，但是部分关键构件或者工序成本超出预算，传统核算方式无法识别出来，这样就使得成本分析工作达不到应有的效果。

基于BIM的施工成本动态分析管理包括两个方面的内容。

1. 成本管理事前控制

利用BIM 5D和项目管理系统进行集成，对施工成本实现以预算成本为控制基准的成本预控。本阶段一般会形成成本控制计划。传统的成本控制计划将合同预算按照成本科目和核算对象两个维度进行拆分，工作量巨大，也容易出错。虽然这样形成的计划成本可以起到成本核算的目的，但是无法从总承包项目部管理的角度实现对成本的动态管理和分析的目的。

BIM 5D基于三维模型，集成了合同预算、相关资源工作任务分解、时间进度等参数信息，可以自动对成本进行任意维度的分解。基于BIM的成本计划以总包合同收入为依据，以合约规划为手段制订项目计划成本，实现成本过程管理和控制。其中，合约规划是指将工程合同按照可支出的口径进行分解，形成规划项，例如，按照不同的分包项分解成为分包合同，这样有利于清晰各业务成本的过程动态管理和控制。BIM技术提供了可视化的三维模型，并与进度计划和造价信息进行合成。通过施工组织设计优化后的进度计划包含了分包的拆解信息，这样就可以很方便地将合同预算分解成可管理的合同规划包，规划包中包含了人、材、机等预算资源信息，同时各合约规划项的明细与分解后的总包合同清单单价构成对比，实现以合同收入控制预算成本，继而形成以预算成本控制实际成本的成本管控体系。

2. 成本综合动态分析

成本控制最有效的手段就是进行工程项目的"三算"实时对比分析。BIM 5D可提高项目部基于"三算"对比的成本综合分析能力。首先，基于BIM的"三算"对比分析需要统一的成本项目，合同收入、预算成本、实际成本核算分析都需要基于一致的口径。成本项目一般包含了材料费、机械费、人工费和分包费等项目，利用BIM 5D可视化功能，将模型相关的清单资源与成本项目进行对应，间接实现了合约规划和成本科目的关联。其次，在不同的成本核算期间，基于BIM模型，可实现不同维度的收入、预算成本和实际成本的"三算"对比分析。按照管理控制层次不同，成本分析分三个层级：成本项目层级、合同层级、合同明细层级，其中，合同明细层级可以进行量、价、金额三个指标的对比分析，重点是材料量价分析。

实训项目　工程量汇总与套价操作

【实训目标】

土建算量软件应用部分是对工程量计算知识的进一步提升和综合，从软件应用层面对工程量计算能力进一步巩固。通过本次实训，学生可提高整体识图的能力、工程量计算规则理解能力以及土建算量软件的应用能力。在工程量计算完之后，正确地编写清单，手工补充软件中不好计算的项目，导出完成的工程量清单，接下来就是套价、调价，编制报价表，编制商务标。

【实训要求】

1. 根据提供的图纸，确定软件绘制流程。
2. 每个构件都必须套用正确的清单编码。
3. 对于每一个构件必须准确绘制以及查看工程量，并思考实现的多种方法和快捷键。
4. 确定软件编写招标文件、商务标书的流程。
5. 计价时原则按照定额组价，编制招标控制价，然后在老师指导下应用相应的投标策略调整价格，调价要有根据。

【实训步骤】

1. 对施工图进行整体识读，建立楼层，填写室外地坪标高、每层层高以及楼层结构底标高。

2．主体工程量计算，包括柱、梁、板、墙、门窗、过梁、楼梯、台阶、散水、平整场地等项目。

3．屋面层工程量计算，包括女儿墙、构造柱、压顶、屋面等项目。

4．基础层工程量计算。

5．装修工程量计算。

6．把汇总工程量导入计价软件，填写项目概况，编制招标文件中分部分项工程量清单、措施项目清单、其他项目清单。

7．分部分项工程组价，措施项目、其他项目组价，编制招标控制价。

8．调价，汇总，商务投标文件制作。

【上交成果】

1．建立的算量模型。

2．算量报表导出到Excel并打印成纸质上交。

3．建立的套价文件（电子）。

4．工程量清单（电子+纸质）。

模块小结

成本管理是工程项目施工实施过程中一项最主要内容，成本管理的影响因素很多。由于实际工程管理中存在较多的人为因素，实施项目集成化是工程项目管理的必然趋势，BIM技术为建筑施工信息化提供了技术途径，BIM对工程造价管理是建立在建筑物BIM 5D模型的基础上的，BIM在施工成本管理上实行动态管理，主要包括成本管理的事先控制、成本的动态分析。

习　题

1．工程造价的直接工程费组成是（　　　）。

A．人工费、材料费、机械费　　　　B．人工费和材料费

C．人工费和机械费　　　　　　　　D．材料费和机械费

2．在受资源约束的项目中（　　　）。

A．项目经理需要资源的时候，职能经理不分配所要求的资源数量

B. 项目必须尽快完成，但资源使用不能超过某一特定的水平

C. 项目必须使用尽可能少的资源在某一时间完成

D. 分配到项目的资源执行能力有限

3. PDCA循环依据的是项目成本管理的（　　　）原则。

    A. 目标管理   B. 全面管理

    C. 例外管理   D. 成本最低化

4. 分部分项工程成本分析"三算"对比分析，是指（　　　）的比较。

    A. 预算成本、目标成本、实际成本

    B. 概算成本、预算成本、决算成本

    C. 月度成本、季度成本、年度成本

    D. 预算成本、计划成本、目标成本

5. 为了有效地控制建设工程进度，必须事先对影响进度的各种因素进行全面分析和预测。其主要目的是实现建设工程进度的（　　　）。

    A. 动态控制   B. 主动控制

    C. 事中控制   D. 纠偏控制

6. 施工成本管理的任务主要包括（　　　）。

    A. 成本预测   B. 成本计划

    C. 成本控制   D. 成本核算

    E. 施工计划

7. 按照管理控制层次不同，成本分析分（　　　）。

    A. 成本项目层级   B. 合同层级

    C. 合同明细层级   D. 目标管理层级

    E. 分部工程层级

8. 施工成本控制可分为（　　　）。

    A. 前馈控制   B. 后馈控制

    C. 事先控制   D. 事中控制

    E. 事后控制

习题答案

1. A   2. C   3. A   4. A   5. B   6. ABCD

7. ABC   8. CDE

参 考 文 献

白庶，等，2015. BIM技术在装配式建筑中的应用价值分析［J］. 建筑经济，36（11）：106-109.

包剑剑，2013. 基于BIM的建筑供应链信息集成管理模式研究［D］. 南京：南京工业大学.

常春光，吴飞飞，2015. 基于BIM和RFID技术的装配式建筑施工过程管理［J］. 沈阳建筑大学学报（社会科学版），l17（2）：170-174.

陈纲，2015. 浅谈BIM在项目施工成本管理中的应用［J］. 地球，（7）：443.

陈杰，2014. 基于云BIM的建设工程协同设计与施工协同机制［D］. 北京：清华大学.

程怀军，2015. 信息技术在建筑项目管理上的应用［D］. 长春：吉林大学.

丁烈云，2015. BIM应用·施工［M］. 上海：同济大学出版社.

杜命刚，2015. 基于BIM的施工进度管理和成本控制研究［D］. 邯郸：河北工程大学.

冯延力，2014. 面向建筑工程设计的BIM产品构件分析及构件库管理系统建设［C］//第十七届全国工程建设计算机应用大会论文集. 北京：中国建筑科学研究院：480-484.

高雪，王佳，衣俊艳，2016. 基于BIM技术的建筑内疏散路径引导研究［J］. 建筑科学，32（2）：143-146.

郭定国，2014. 基于BIM的计算机辅助建筑设计与施工管理研究［D］. 厦门：厦门大学.

姬丽苗，2014. 基于BIM技术的装配式混凝土结构设计研究［D］. 沈阳：沈阳建筑大学.

江帆，2014. 基于BIM和RFID技术的建设项目安全管理研究［D］. 哈尔滨：哈尔滨工业大学.

蒋剑，2014. BIM在预制装配式建筑（PC）住宅设计中的应用［J］. 上海建设科技，（5）：21-23.

蒋勤俭，2010. 国内外装配式混凝土建筑发展综述［J］. 建筑技术，41（12）：1074-1077.

蒋勤俭，等，2016. 装配式混凝土结构工程质量管理与验收［J］. 质量管理，34（4）：5-13.

李建成，2015. BIM应用·导论［M］. 上海：同济大学出版社.

李菲，2014. BIM技术在工程造价管理中的应用研究［D］. 青岛：青岛理工大学.

李天华，等，2012. 装配式建筑全寿命周期管理中BIM与RFID的应用［J］. 工程管理学报，26（3）：28-32.

李勇，2014. 建设工程施工进度BIM预测方法研究［D］. 武汉：武汉理工大学.

李宗阳，2013. 装配式建筑灌浆材料的研究［D］. 沈阳：沈阳建筑大学.

刘畅，2014. 基于BIM的建设全过程造价管理研究［D］. 重庆：重庆大学.

刘海成，李红旺，2015. 装配式建筑预制楼板存放与施工过程计算［C］//第四届全国工程结构安全检测鉴定与加固修复研讨会论文集. 沈阳：沈阳建筑大学：20-24.

刘海成，郑勇，2016. 装配式剪力墙结构深化设计、构件制作与施工安装技术指南［M］. 北京：中国建筑工业出版社.

刘伟，2015. BIM技术在建设工程项目管理中的应用研究［D］. 北京：北京交通大学.

芦洪斌，2014. BIM在建筑工程管理中的应用［D］. 大连：大连理工大学.

罗杰，等，2016. 装配式建筑施工安全管理若干要点研究［J］. 建筑安全，31（8）：19-25.

牛博生，2012. BIM技术在工程项目进度管理中的应用研究［D］. 重庆：重庆大学.

牛萍，2016. 浅谈基于BIM 5D技术的施工现场管理［J］. 内蒙古科技与经济，（1）：82-83.

蒲红克，2015. BIM技术在施工企业材料信息化管理中的应用［J］. 施工技术，43（3）：77-79.

齐宝库，李长福，2014．装配式建筑施工质量评估指标体系的建立与评估方法研究［J］．施工技术，43（15）：20-24.

齐宝库，李长福，2014．基于BIM的装配式建筑全生命周期管理问题研究［J］．施工技术，43（15）：25-29.

任立东，2011．信息技术在建设工程项目管理中的应用［D］．西安：西安建筑科技大学.

石光胜，2015．基于BIM和精益建造的施工项目质量控制研究［D］．广州：华南理工大学.

宋楠楠，2015．基于Revit的BIM构件标准化关键技术研究［D］．西安：西安建筑科技大学.

苏畅，2012．基于RFID的预制装配式住宅构件追踪管理研究［D］．哈尔滨：哈尔滨工业大学.

王红春，2014．基于BIM技术的建筑企业物流管理研究［J］．技术经济与管理研究，（12）：55-58.

王丽佳，2013．基于BIM的智慧建造策略研究［D］．宁波：宁波大学.

王龙，2014．装配整体式钢筋混凝土住宅质量监控体系探讨［D］．聊城：聊城大学.

王彦，2015．基于BIM的施工过程质量控制研究［D］．赣州：江西理工大学.

王英，李阳，王廷魁，2012．基于BIM的全寿命周期造价管理信息系统架构研究［J］．工程管理学报，26（3）：22-27.

王召新，2012．混凝土装配式住宅施工技术研究［D］．北京：北京工业大学.

魏亮华，2013．基于BIM技术的全寿命周期风险管理实践研究［D］．南昌：南昌大学.

吴军梅，2015．基于BIM的施工现场劳务人员安全疏散研究［D］．西安：西安建筑科技大学.

吴水根，柏建韦，2013．装配式建筑结构部品施工的质量评价［J］．建筑施工，35（2）：116-117.

许杰峰，雷星晖，2014．基于BIM的建筑供应链管理研究［J］．建筑科学，30（5）：85-89.

杨烜峰，闫文凯，2016．基于BIM技术在逃生疏散模拟方面的初步研究［J］．土木建筑工程信息技术，5（3）：63-67.

伊朝接，2014．基于新兴信息技术的智慧施工进度管理研究［D］．哈尔滨：哈尔滨工业大学.

殷小非，2015．基于BIM和IPD协同管理模式的建设工程造价管理研究［D］．大连：大连理工大学.

于龙飞，张家春，2015．基于BIM的装配式建筑集成建造系统［J］．土木工程与管理学报，32（4）：73-78.

张建平，刘强，余芳强，2010．面向建筑施工的BIM建模系统研究与开发［C］//第十五届全国工程设计计算机应用学术会议论文集．北京：清华大学：234-239.

张磊，2015．基于BIM技术的工程项目进度管理方法研究［D］．青岛：青岛理工大学.

张楠，2015．基于BIM平台的工程质量控制模式研究［J］．土木建筑工程信息技术，7（5）：78-81.

张睿奕，2014．基于BIM的建筑设备运行维护可视化管理研究［D］．重庆：重庆大学.

张仕廉，董勇，潘承仕，2005．建筑安全管理［M］．北京：中国建筑工业出版社.

中华人民共和国住房和城乡建设部，2015．建筑产品分类和编码（JG/T 151—2015）［S］．北京：中国标准出版社.

中华人民共和国住房和城乡建设部，2013．建设工程工程量清单计价规范（GB 50500—2013）［S］．北京：中国计划出版社.

中华人民共和国住房和城乡建设部，2014．建筑工程施工质量验收统一标准（GB 50300—2013）［S］．北京：中国建筑工业出版社.

仲青，2015．精益建造视角下基于RFID与BIM的集成建筑工程项目施工安全预控体系研究［D］．南京：南京工业大学.

仲青，等，2014．基于RFID与BIM集成的施工现场安全监控系统构建［J］．建筑经济，35（10）：35-39.

周鹏超，2015．基于4D-BIM技术的工程项目进度管理研究［D］．赣州：江西理工大学.

朱芳琳，2015．基于BIM技术的工程造价精细化管理研究［D］．成都：西华大学.

朱昊，2015．基于BIM技术的施工阶段成本动态控制研究［D］．赣州：江西理工大学.